农村劳动力培训阳光工程系列教材

沼 气 工

丛书主编　朱启酒　程晓仙

本册主编　蒋　晓

U0341660

科学普及出版社

·北 京·

图书在版编目（CIP）数据

沼气工/蒋晓主编. —北京：科学普及出版社，2012.4

农村劳动力培训阳光工程系列教材/朱启酒，程晓仙主编

ISBN 978-7-110-07717-7

Ⅰ.①沼⋯　Ⅱ.①蒋⋯　Ⅲ.①沼气工程—技术培训—教材

Ⅳ.①S216.4

中国版本图书馆 CIP 数据核字（2012）第 070379 号

策划编辑	吕建华　许　英
责任编辑	高立波
责任校对	刘洪岩
责任印制	张建农
版式设计	鑫联必升

出　　版	科学普及出版社
发　　行	科学普及出版社发行部
地　　址	北京市海淀区中关村南大街 16 号
邮　　编	100081
发行电话	010-62173865
传　　真	010-62179148
网　　址	http://www.cspbooks.com.cn

开　　本	787mm×1092mm　1/16
字　　数	264 千字
印　　张	12.75
版　　次	2012 年 4 月第 1 版
印　　次	2012 年 4 月第 1 次印刷
印　　刷	三河市国新印装有限公司

书　　号	ISBN 978-7-110-07717-7/S・503
定　　价	37.80 元

农村劳动力培训阳光工程系列教材

编 委 会

主　　任　马荣才　王福海

主　　编　朱启酒　程晓仙

编　　委　（按姓氏笔画排序）

马孝生　马雪雁　王成芝　王　宏　王桂良　尹光红

邓应强　史文华　冯云江　伏建海　刘　芳　刘　磊

江真启　杨久仙　李玉池　李志荣　李志强　肖春利

邱　强　汪金营　宋广君　张金柱　张春林　张显伟

张　猛　张新华　武　山　罗桂河　赵金祥　赵晨霞

要红霞　昝景会　贺怀成　倪寿文　徐万厚　高进兰

黄彦芳　彭兴武　董国良　焦玉生

本册编写人员

主　　编　蒋　晓

副 主 编　诸　刚　王　宏

参　　编　陆静兵　高秀清　吕亚州

审　　稿　丁仕华

序

为了培养一支结构合理、数量充足、素质优良的现代农业劳动者队伍，强化现代农业发展和新农村建设的人才支撑，根据农业部关于阳光工程培训工作要求，北京市农业局紧紧围绕农业发展方式转变和新农村建设的需要，认真贯彻落实中央有关文件精神，从新型职业农民培养和"三农"发展实际出发，制定了详细的实施方案，面向农业产前、产中和产后服务和农村社会管理领域的从业人员，开展动物防疫员、动物繁殖员、畜禽养殖员、植保员、蔬菜园艺工、水产养殖员、生物质气工、沼气工、沼气管理工、太阳能工、农机操作和维修工等工种的专业技能培训工作。为使培训工作有章可循，北京市农业局、北京市农民科技教育培训中心聘请有关专家编制了专业培训教材，并根据培训内容，编写出一套体例规范、内容系统、表述通俗、适宜农民需求的阳光工程培训系列教材，作为北京市农村劳动力阳光工程培训指定教材。

这套系列教材的出版发行，必将推动农村劳动力培训工作的规范化进程，对提高阳光工程培训质量具有重要的现实意义。由于时间紧、任务重，成书仓促，难免存在问题和不妥之处，希望广大读者批评指正。

编委会
2012 年 3 月

前 言

根据农业部关于农村劳动力培训阳光工程工作的指导意见和北京市农村劳动力培训阳光工程项目实施方案要求，为了更好地贯彻落实中央有关文件精神，加大新型职业农民培训工作力度，做好沼气工培训工作，特组织专业技术人员编写本教材。

本教材在编写过程中参考了大量的沼气科技著作、最新研究成果、工程案例和推广部门的指导丛书，在此谨致衷心感谢。本教材结合沼气用户生产经验和作者多年的工作实践，以沼气工为对象，以职业技能为核心，采用模块教学方法，简明扼要地介绍了完成职业活动中每一项工作任务或具体操作的方法、程序、步骤等，系统全面、简明扼要地介绍了沼气工职业道德，相关法律法规常识，沼气发酵基础知识，建筑材料与建筑基础知识，户用沼气池设计，生活污水净化沼气池，沼气池现场施工，沼气工程常用设备及安装，沼气的净化贮存输配，户用沼气池的安全使用与故障排除，沼气工程的验收等知识，全书共11章。

本教材内容丰富、图文并茂、通俗易懂，实用性强、操作性强，可以帮助广大农村沼气技术人员、基层干部、沼气用户和农民朋友普及沼气技术，提高从业的专业技术和能力。通过本教材的学习和技能锻炼，可达到具备沼气工初中级从业的专业技术和能力。

由于各地条件不尽相同，对于书中介绍的一些专业技术知识以及建造技术，要根据当地自然条件，因地制宜，并且在生产实践中不断总结、发展和提高。

虽然在本教材的编写过程中，我们做了很大努力，但由于我们的专业知识水平有限，加之时间仓促，工作量大，书中不当之处在所难免，敬请各位读者提出宝贵建议，批评指正，以臻完善。

编 者
2012 年 2 月

目 录

第一章 沼气工职业道德

【知识目标】
学习掌握职业道德基础知识。
【技能目标】
按照职业道德规范提高沼气工的职业道德和综合素质。

沼气工是从事农村户用沼气池、生活污水净化沼气池和大中型沼气工程的施工、设备安装、调试、工程运行、维修及进行沼气生产经营管理的人员。他们直接面向广大农民和沼气生产第一线，除了应具备系统的沼气生产理论知识和操作技能外，还应树立为人民服务的正确思想，具备应有的职业道德和法律意识。

第一节 职业道德基础知识

一、道德的定义

道德是一定社会、一定阶级向人们提出的处理人和人之间、个人和社会之间、个人和自然之间各种关系的一种特殊的行为规范，通俗地讲就是什么可以做和什么不可以做，以及应该怎样做的问题。

做人要讲道德，做事要讲公德。人的一生在每一个阶段都有基本的道德要求，例如小孩讲的是诚实，成人讲的是做人，只有先做好了人，才能做好了事。古今中外历史上出现的许多伟人都非常重视做人，如大家熟知的雷锋就是非常典型的例子，他的事迹被广泛流传，成为公众道德标准的一面镜子。

中国向来就有礼仪之邦之称，几千年的中华民族的传统美德源远流长，道德思想博大精深；在社会进步和经济建设中也始终没有放松道德建设，没有放低道德建设的标准，有关道德方面的要求也更加规范，形成的道德体系也起了重要的作用与功能，道德已成为治理国家和促进经济发展的重要力量，是社会精神文明发展程度的重要标志。

二、职业道德的涵义

所谓职业道德就是适应各种职业的要求而必然产生的道德规范，是从事一定职业的人在履行本职工作中所应遵守的行为规范和准则的总和。职业道德从内容上讲包括职业观念、职业情感、职业理想、职业态度、职业技能、职业纪律、职业良心和职业作风等，职业道德是道德体系的重要组成部分，它是职业人员从事职业活动过程中形成的一种内在的、非强制性的职业约束规则，是从业人员应该自觉遵守的道德准则，也是职业人员做好职业工作及能够长久从事职业的基础。规范和良好的职业道德可以促进职业行业的良性和健康发展，有利于形成职业员工之间诚信服务和公平竞争市场，从根本上保证职业人员共同利益，提高行业整体从业水平与服务水平。

职业是谋生的手段，职业活动中总是离不开职业道德问题，在经济越发达的社会，职业道德与个人利益、企业发展息息相关。一个职业道德高尚的人，才能在事业中取得成功，一个职业道德品质崇尚的企业，才能是一个发展前途远大的企业。海尔集团总裁张瑞敏曾经说过，铸造企业文化精神，提高职工的职业道德是企业发展的出路，他非常重视对职工的职业道德教育，赢得了巨大的社会声誉，树立了良好的企业形象，使海尔成为享誉海内外的著名品牌。例如海尔集团的一名员工在38℃高烧的情况下，背着75千克重的洗衣机行程3小时送到用户家里的事情，不仅表现了海尔员工的职业道德精神，而且体现了海尔企业对职业道德的深刻理解。因此，不管做人，还是做事，都离不开职业道德的支撑。

第二节　沼气工职业道德

沼气工除了具备与沼气相关的技术与技能外，还要遵循基本的道德规范。随着物质文明和精神文明建设的深入发展，对农村职业行业的服务要求标准也在不断提高，加之沼气能够有效地协调与统一农村的经济效益、社会效益和生态效益，对带动农村全面发展具有非常重要的作用。因此，一名合格的沼气工，应该成为一位重岗位责任、讲职业道德、遵守职业规范、掌握职业技能、树立行业新风的德才兼备的农村能源建设队伍中的一员。沼气工的职业道德包括：

一、文明礼貌

文明礼貌是人类社会进步的产物，是从业人员的基本素质，是职业道德的重要规范，也是人类社会进步的重要标志，大体包括思想、品德、情操和修养等方面。文明沼气工的基本要求是：

1. 热爱祖国，热爱社会主义，热爱共产党，努力提高政治思想水平。
2. 遵守国家法律。
3. 维护社会公德，履行职业道德。
4. 关心同志，尊师爱徒。
5. 努力学习，提高政治、文化、科技、业务水平。
6. 热爱工作，业务上精益求精，学赶先进。

7. 语言文雅、行为端正、技术熟练。

8. 尊重民风民俗习惯，反对封建迷信。

沼气工的文明礼貌在职业用语中的要求：语感自然，语气亲切，语调柔和，语速适中，语言简练，语意明确，语言上要选择尊称敬语，切忌使用"禁语"。

沼气工在举止上要求首先是服务态度恭敬，对待农户态度和蔼，有问必答，不能顶撞，不能随意挑剔农户的缺点与不足。其次是在服务过程中，要热情，要微笑进门，微笑工作，微笑再见。最后是服务要有条不紊，不慌不忙，不急不躁，按部就班，遇见问题要镇静，果断处理。

二、爱岗敬业

爱岗敬业是社会大力提倡的职业道德行为准则，也是每个从业者应当遵守的共同的职业道德。爱岗就是热爱本职工作，敬业就是用一种恭敬严肃的态度对待自己的工作。农村职业的沼气工要提倡"干一行，爱一行，专一行"，只有这样才能有力地推动沼气在农村的使用与推广。

爱岗敬业的重点是强化职业责任，职业责任是任何职业的核心，它是构成职业的基础，往往通过行政的甚至是法律的方式加以确定和维护，它同时也是行业职工从业是否称职、能否胜任工作的尺度。对于沼气工来讲，保证沼气池施工质量、安全用气及沼气池正常维护与管理等就是职业责任。近几年来，推广部门采取"三包"政策（包技术、包质量、包农户）形式管理沼气工，有效地保证了建池质量，大大减少和降低了废池发生率，因此加强农村沼气工的职业责任意识，是保证农村沼气工程建设队伍健康发展的基础。

沼气工的爱岗敬业要与职业道德、职业责任、职业技能和职业培训等密切结合起来，同时还要与职工的物质利益直接联系起来，甚至与政策、法律联系起来，推崇奉献精神，鼓励沼气工做好自己的本职工作。

三、诚实守信

诚实守信是为人之本，从业之要。一个讲诚信的人，才能赢得别人的尊重和友善；一个讲诚信的人，才能在自己的行业中取得别人的信任，才能在行业中有所发展，才能永久立于行业之中。

诚实守信，首先是诚实劳动，其次是遵守合同与契约。诚实劳动是谋生的手段，劳动者参与劳动，在一定意义上是为换取与自己劳动相当的报酬，以满足养家或者改善生活。与诚实劳动相对的不诚实劳动现象，如出工不出力、以次充好、专营假冒伪劣产品等在各种行业中都不同程度的存在，它是危害行业的蛀虫，如在沼气中曾出现为赶工程进度和施工量致使沼气池无法使用，而不得不放弃的现象，极大地伤害了农户的利益与积极性，对这种现象应采取严厉的制裁手段。劳动合同与契约是对劳资双方的保障机制和约束机制，使双方都享受一定的权力，也承担一定的义务，任何一方都不得无故撕毁劳动合同。沼气工在从业中，与用工单位或农户应该有口头或者书面协议，作为劳动合同与契约，既是沼气工的"护身符"，同时又是监督沼气工尽职尽责，保证施工单位或农户利益的有效机制，以保证双方免受经济损失。

诚实劳动十分重要。其一，它是衡量劳动者素质高低的基本尺度；其二，它是劳动者人生态度、人生价值和人生理想的外在反映；其三，它直接涉及劳动者的人生追求和价值的实现。沼气工行业要求从业人员要尽心尽力、尽职尽责、踏踏实实地完成本职工作，自觉做一个诚实的劳动者，对个人和国家都有好处。

四、团结互助

团结互助是指为了实现共同利益与目标，互相帮助，互相支持，团结协作，共同发展，同一行业的从业人员应该顾全大局，友爱亲善，真诚相待，平等尊重，搞好同事之间、部门之间的团结协作，以实现共同发展。良好的团结互助还能激发职工的热情与积极性，而缺少团结精神，相互扯皮，甚至相互拆台，影响从业人员的情绪，导致纪律松散，人心涣散，最终一事无成，中国古语所讲"天时不如地利，地利不如人和"就是这个道理。

沼气生产从业人员要讲团结互助精神。第一，同事之间要相互尊重。在建设大中型沼气工程，或集中在项目村或乡上建造户用沼气池中，要求融洽相处，不论资历深浅、能力高低、贡献大小，在人格上都是平等的，都应一视同仁，互相爱护；在施工过程中，要相互切磋，求同存异，尊重他人意见，决不可自以为是，固执己见。第二，师徒之间要相互尊重。师傅要关心、爱护、平等相待徒弟，传授技艺毫无保留，循循善诱，严格要求；徒弟要尊敬、爱护师傅，要礼貌待人，虚心学习技艺，提高水平，正确对待师傅的批评指教，自觉克服缺点与不足，还要主动多干重活、累活，帮助师傅多干些辅助性工作，即使学成之后，仍要保持师徒情谊，相互学习，共同提携后人。第三，要尊重农户。农户是沼气工服务的主体，是沼气工生存与发展的基础，因此应该尊重农户。首先要对农户一视同仁，不论男女老幼，贫贱富贵都应真诚相待，热情服务；其次应运用文明礼貌体态语言，不讲粗话，风凉话，使工作周到细致，恰如其分。

五、勤劳节俭

勤劳节俭是中华民族的传统美德。古人云"一生之计在于勤"，道出勤能生存，勤能致富，勤能发展的道理；节俭是中华民族的光荣传统，民间流传的民谚"惜衣常暖，惜食常饱"；"家有粮米万石，也怕泼米撒面"，道出了节俭的重要性。勤劳与节俭之所以能够自古至今，传扬不衰，就在于无论对修身、持家，还是治国都有重要的意义。

沼气工应该以勤为本，应该勤于动脑，勤于学习，勤于实践，这样才能精益求精，只有这样才能多建池，建好池，才能造福于农户与农村经济；同时要勤于劳动，不怕吃苦，才能有所收获，才能致富，切忌游手好闲，贪图安逸。沼气工同时应该以节俭为怀，我国农村经济还不发达，许多农户相对贫困，因此，在沼气池规划及施工中不要浪费材料，以降低和减轻农户的负担，同时培养自身节俭持家的习惯。

六、遵纪守法

遵纪守法是指每个从业人员都要遵守纪律，遵守国家和相关行业的法规。从业人员遵纪守法，是职业活动正常进行的基本保证，直接关系到个人的前途，关系到社会精神文明的进步。因此，遵纪守法是职业道德的重要规范，是对职业人员的基本要求。法与规，对于社会和职业就像规矩之与方圆，没有规矩，则不成方圆。

沼气工遵纪守法，首先，必须认真学习法律知识，树立法制观念，并且了解、明确与自己所从事的职业相关的职业纪律、岗位规范和法律规范，例如《中华人民共和国劳动法》、《中华人民共和国环境保护法》、《中华人民共和国节约能源法》、《中华人民共和国合同法》、《中华人民共和国民法》等，只有懂法，才能守法；只有懂法，才会正确处理和解决职业活动中遇到的问题。其次，要依法做文明公民。懂法重要，守法更重要，只有严格守法，才能实现"法律面前人人平等"，如果谁都懂法，但谁都不守法，即使有再好的法律，也等于一纸空文，起不到丝毫的作用。第三，要以法护法，维护自身的正当权益。在从事沼气工职业活动中如发生侵权现象，要正确使用法律武器，以维护自己的合法权益，切忌使用武力、暴力等带有黑社会性质的行为，不但不能达到目的，反而会受到法律的严惩。

沼气工在从业过程中，还要遵守行业规范，不要投机取巧，避免不良后果，甚至灾难的发生。沼气工在沼气池施工及管理过程有一系列的具体要求，如建筑施工规范、气密闭性检验、输配管路安装规范、发酵工艺规范等，要求规范化执行与操作，方能保证安全生产，保障人身和财产的安全，避免不必要的损失。

第三节 沼气工职业道德修养

一、职业道德修养的含义

所谓职业道德修养就是指从事各种职业活动的人员，按照职业道德的基本原则和规范，在职业活动中所进行的自我教育、自我锻炼、自我改造和自我完善，使自己形成良好的职业道德品质和达到一定的职业道德境界。职业道德修养是从业的基本，是沼气工建立长久诚信的根本。沼气工要加强职业道德修养，树立为国家、为农户服务的责任感，热爱本职工作，并为之奉献。

二、道德修养的途径

（一）确立正确的人生观是职业道德修养的前提

树立正确的人生观，才会有强烈的社会责任感，才能在从事职业活动中形成自觉的职业道德修养，形成良好的职业道德品质，那种只注重金钱，贪图享受，则是错误和落后的人生观。

（二）职业道德修养要从培养自己良好的行为习惯着手

古人云"千里之行，始于足下"，"勿以恶小而为之，勿以善小而不为"，说明良好的习惯要从我做起，从现在做起，从小事做起。只有这样，才能培养社会责任感和奉献精神，生活中不注重"小节"，往往就会失"大节"。

（三）学习先进人物的优秀品质

社会各个行业都有许多值得自己学习的优秀人物，他们为社会和祖国做出了贡献，激励着后人奋发向上。向先进人物学习，一是要学习他们强烈的社会责任感；二是要学习他们的优秀品质，学习他们的先进思想；三是要学习他们严于律己，宽以待人，关心他人，以国家和集体利益为重的无私精神。

三、职业守则

沼气工面向农村户用沼气池、生活污水净化沼气池和大中型沼气工程的施工、设备安装调试、工程运行、维修及进行沼气生产经营管理第一线，在职业活动中，要遵守以下职业守则：

1. 遵纪守法，做文明从业的职工。
2. 爱岗敬业，保持强烈的职业责任感。
3. 诚实守信，尽职尽责。
4. 团结协作，精于业务，提高从业综合素质。
5. 勤劳节俭，乐于吃苦，甘于奉献。
6. 加强安全施工意识，严格执行操作规程。

思 考 题

1. 沼气工是从事什么职业的人员？
2. 沼气工的职业道德包括哪些内容？
3. 沼气工如何做好自身的职业道德修养？
4. 沼气工职业守则包括哪些内容？

第二章 相关法律法规常识

【知识目标】

学习掌握消费者权益保护法、劳动法、节约能源法和环境保护法基本常识。

【技能目标】

将所学的法律知识应用于沼气工职业活动中。

在沼气工职业活动中，要学习和了解相关法律法规知识。按照法律，规范和约束自己的行为，按照法律，维护自己的切身利益。本章的知识点是学习消费者权益保护法、劳动法、节约能源法和环境保护法基本常识。

第一节 消费者权益保护法

为保护消费者的合法权益，维护社会经济秩序，促进社会主义市场经济健康发展，1993年10月31日第八届全国人民代表大会常务委员会第四次会议通过，1993年10月31日中华人民共和国主席令第11号公布，1994年1月1日起施行《中华人民共和国消费者权益保护法》（以下简称《消费者权益保护法》）。

一、概述

（一）消费者的概念

消费者是指为了生活消费需要购买、使用商品或者接受服务的个人和单位。

（二）消费者权益保护法的概念

消费者权益保护法是调整人们生活消费所发生的社会关系的法律规范的总称。消费者权益保护法调整的范围主要包括两个方面：一是消费者为生活消费需要购买、使用商品或者接受服务中产生的社会关系。二是经营者为消费者提供其生产销售的商品或者提供服务中产生的社会关系。这两方面，前者是确定消费者的法律地位及其权利，后者是确定经营者的义务，通过确定权利、义务来规范相互关系。

（三）《消费者权益保护法》的作用

《消费者权益保护法》的宗旨在于：保护消费者的合法权益，维护社会经济秩序，促进社会主义市场经济的健康发展。其作用主要表现在以下几个方面：

1. 有利于消费者运用法律武器同侵害其合法权益的行为作斗争，以维护其利益；

2. 有利于维护正常的社会经济秩序，促进社会主义市场经济的健康发展；

3. 有利于安定团结，为社会经济的发展创造良好的社会环境。

（四）《消费者权益保护法》的基本原则

1. 经营者与消费者进行交易，应遵循自愿、平等、公平、诚实信用的原则；

2. 国家保护消费者合法权益不受侵害的原则；

3. 保护消费者的合法权益是全社会的共同责任的原则。

二、消费者的权利和经营者的义务

（一）消费者的权利

1. 人身、财产安全不受损害的权利；

2. 知悉商品和服务真实情况的权利；

3. 自主选择商品或服务的权利；

4. 公平交易的权利；

5. 依法获得赔偿的权利；

6. 依法成立维护自身合法权益的社会团体的权利；

7. 获得有关消费和消费权益保护方面知识的权利；

8. 人格尊严、民族风俗习惯得到尊重的权利；

9. 对商品和服务以及保护消费者权益工作进行监督的权利。

（二）经营者的义务

经营者的义务，是指经营者在向消费者提供商品和服务时，必须为或不得为一定的行为，根据《消费者权益保护法》规定主要有下列义务：

1. 提供消费者行使权利的便利条件的义务；

2. 保证商品和服务符合人身、财产安全的义务；

3. 提供商品和服务真实信息的义务；

4. 出具购货凭证或者服务单据的义务；

5. 保证商品和服务质量的义务；

6. 履行国家规定或者与消费者的约定的义务；

7. 尊重消费者人格的义务。

三、国家对消费者合法权益的保护及消费者组织

（一）国家对消费者合法权益的保护

1. 国家通过立法保护消费者的合法权益；
2. 国家通过行政手段保护消费者的合法权益；
3. 国家通过司法手段保护消费者的合法权益。

（二）消费者组织

消费者组织是指依法成立的对商品和进行社会监督的保护消费者合法权益的社会团体。1936 年美国消费者联盟组织成立。

我国消费者协会的职能主要有：

1. 向消费者提供消费信息和咨询服务。
2. 参与有关行政部门的商品和服务的监督、检查。
3. 就有关消费者合法权益问题，向有关行政部门反映。
4. 受理消费者的投诉，并对投诉事项进行调查、调解、查询、提出建议。
5. 投诉事项涉及商品和服务质量问题的，可以提请鉴定部门鉴定，鉴定部门应当告知鉴定结论。
6. 就损害消费者合法权益的行为、支持受损害的消费者提起诉讼。
7. 对损害合法权益的行为，通过大众传播媒介予以揭露批评。

四、消费者权益争议的解决

（一）消费者权益争议解决途径

1. 协商和解；
2. 调解；
3. 申诉；
4. 仲裁；
5. 诉讼。

（二）损害赔偿人

在消费时，消费者在购买，使用商品接受服务时，如合法权益受到侵害，有权要求损害人赔偿，《消费者权益保护法》规定了以下几种人可以作为损害赔偿人：

1. 销售者，消费者在购买、使用商品时，其合法权益受到损害的。
2. 服务者，消费者在接受服务时，其合法权益受到侵害的。
3. 如原企业分立、合并的，可以向变更后承受其权利义务的企业要求赔偿。

4. 使用他人营业执照的违法经营者提供商品或者服务，损害消费者合法权益的，消费者可以向其要求赔偿，也可以向营业执照的持有人要求赔偿。

5. 消费者在展销会租赁柜台购买商品或者接受服务，其合法权益受到损害的，可以向销售者或服务者要求赔偿。展销会结束或者柜台租赁期满后，也可以向展销会的举办者、柜台的出租者要求赔偿。

6. 消费者因经营者利用虚假广告提供商品或者服务其合法权益受到损害的，可以向经营者要求赔偿。广告经营者发布虚假广告的，消费者可以请求行政主管部门予以惩处。广告的经营者不能提供经营者的真实名称、地址的，应当承担赔偿责任。

第二节 劳 动 法

为了保护劳动者的合法权益，调整劳动关系，建立和维护适应社会主义市场经济的劳动制度，促进经济发展和社会进步，1994 年 7 月 5 日第八届全国人民代表大会常务委员会第八次会议通过，1994 年 7 月 5 日中华人民共和国主席令第 28 号公布，1995 年 1 月 1 日起施行《中华人民共和国劳动法》。

一、概述

《中华人民共和国劳动法》适用于在中华人民共和国境内的企业、个体经济组织和与之形成劳动关系的劳动者。国家机关、事业组织、社会团体和与之建立劳动合同关系的劳动者，应依照本法执行。

劳动者享有平等就业和选择职业的权利、取得劳动报酬的权利、休息休假的权利、获得劳动安全卫生保护的权利、接受职业技能培训的权利、享受社会保险和福利的权利、提请劳动争议处理的权利以及法律规定的其他劳动权利。

劳动者应当完成劳动任务，提高职业技能，执行劳动安全卫生规程，遵守劳动纪律和职业道德。用人单位应当依法建立和完善规章制度，保障劳动者享有劳动权利和履行劳动义务。

二、社会就业

国家通过促进经济和社会发展，创造就业条件，扩大就业机会，鼓励企业、事业组织、社会团体在法律、行政法规规定的范围内兴办产业或者拓展经营，增加就业，支持劳动者自愿组织起来就业和从事个体经营实现就业。地方各级人民政府应当采取措施，发展多种类型的职业介绍机构，提供就业服务。劳动者就业，不因民族、种族、性别、宗教信仰不同而受歧视。在录用职工时，除国家规定的不适合妇女的工种或者岗位外，不得以性别为由拒绝录用妇女或者提高对妇女的录用标准。残疾人、少数民族人员、退役军人就业，法律、法规有特别规定的，从其规定。禁止用人单位招用未满 16 周岁的未成年人。文艺、体育和特种工艺单位招用未满 16

周岁的未成年人，必须依照国家有关规定，履行审批手续，并保障其接受义务教育的权利。

三、劳动合同和集体合同

1. 劳动合同是劳动者与用人单位确立劳动关系、明确双方权利和义务的协议。建立劳动关系应当订立劳动合同。

2. 订立和变更劳动合同，应当遵循平等自愿、协商一致的原则，不得违反法律、行政法规的规定。劳动合同依法订立即具有法律约束力，当事人必须履行劳动合同规定的义务。

3. 无效劳动合同指违反法律、行政法规的劳动合同或采取欺诈、威胁等手段订立的劳动合同。无效的劳动合同，从订立的时候起，就没有法律约束力。确认劳动合同部分无效的，如果不影响其余部分的效力，其余部分仍然有效。劳动合同的无效，由劳动争议仲裁委员会或者人民法院确认。

4. 劳动合同应当以书面形式订立，主要内容包括：①劳动合同期限；②工作内容；③劳动保护和劳动条件；④劳动报酬；⑤劳动纪律；⑥劳动合同终止的条件；⑦违反劳动合同的责任。劳动合同除前款规定的必备条款外，当事人可以协商约定其他内容。

5. 劳动合同的期限分为有固定期限、无固定期限和以完成一定的工作为期限。劳动者在同一用人单位连续工作满 10 年以上，当事人双方同意续延劳动合同的，如果劳动者提出订立无固定期限的劳动合同，应当订立无固定期限的劳动合同。

6. 劳动合同可以约定试用期。试用期最长不得超过 6 个月。

7. 劳动合同当事人可以在劳动合同中约定保守用人单位商业秘密的有关事项。

8. 劳动合同期满或者当事人约定的劳动合同终止条件出现，劳动合同即行终止。

9. 经劳动合同当事人协商一致，劳动合同可以解除。

10. 劳动者有下列情形之一的，用人单位可以解除劳动合同：

（1）在试用期间被证明不符合录用条件的。

（2）严重违反劳动纪律或者用人单位规章制度的。

（3）严重失职，营私舞弊，对用人单位利益造成重大损害的。

（4）被依法追究刑事责任的。

11. 有下列情形之一的，用人单位可以解除劳动合同，但是应当提前 30 日以书面形式通知劳动者本人：

（1）劳动者患病或者非因工负伤，医疗期满后，不能从事原工作也不能从事由用人单位另行安排的工作的。

（2）劳动者不能胜任工作，经过培训或者调整工作岗位，仍不能胜任工作的。

（3）劳动合同订立时所依据的客观情况发生重大变化，致使原劳动合同无法履行，经当事人协商不能就变更劳动合同达成协议的。

12. 用人单位濒临破产，进行法定整顿期间或者生产经营状况发生严重困难，确需裁减人员的，应当提前 30 日向工会或者全体职工说明情况，听取工会或者职工的意见，经向劳动行政部门报告后，可以裁减人员。用人单位依据本条规定裁减人员，在 6 个月内录用人员的，应当优先录用被裁减的人员。

13. 解除劳动合同时，应当依照国家有关规定给予经济补偿。

14. 劳动者有下列情形之一的，用人单位不得解除劳动合同：

（1）患职业病或者因工负伤并被确认丧失或者部分丧失劳动能力的。

（2）患病或者负伤，在规定的医疗期内的。

（3）女职工在孕期、产期、哺乳期内的。

（4）法律、行政法规规定的其他情形。

15. 用人单位解除劳动合同，工会认为不适当的，有权提出意见。如果用人单位违反法律、法规或者劳动合同，工会有权要求重新处理；劳动者申请仲裁或者提起诉讼的，工会应当依法给予支持和帮助。

16. 劳动者解除劳动合同，应当提前 30 日以书面形式通知用人单位。

17. 有下列情形之一的，劳动者可以随时通知用人单位解除劳动合同：

（1）在试用期内的。

（2）用人单位以暴力、威胁或者非法限制人身自由的手段强迫劳动的。

（3）用人单位未按照劳动合同约定支付劳动报酬或者提供劳动条件的。

18. 企业职工一方与企业可以就劳动报酬、工作时间、休息休假、劳动安全、卫生、保险、福利等事项，签订集体合同。集体合同草案应当提交职工代表大会或者全体职工讨论通过。集体合同由工会代表职工与企业签订；没有建立工会的企业，由职工推举的代表与企业签订。

19. 集体合同签订后应当报送劳动行政部门；劳动行政部门自收到集体合同文本之日起 15 日内未提出异议的，集体合同即行生效。

20. 依法签订的集体合同对企业和企业全体职工具有约束力。职工个人与企业订立的劳动合同中劳动条件和劳动报酬等标准不得低于集体合同的规定。

四、工作时间和休息休假

1. 国家实行劳动者每日工作时间不超过 8 小时，平均每周工作时间不超过 44 小时的工时制度。

2. 对实行计件工作的劳动者，用人单位应当根据工时制度合理确定其劳动定额和计件报酬标准。

3. 用人单位应当保证劳动者每周至少休息一日。

4. 用人单位在下列节日期间应当依法安排劳动者休假：元旦，春节，国际劳动节，国庆节，法律、法规规定的其他休假节日。

5. 用人单位由于生产经营需要，经与工会和劳动者协商后可以延长工作时间，一般每日不得超过 1 小时；因特殊原因需要延长工作时间的，在保障劳动者身体健康的条件下延长工作时间每日不得超过 3 小时，但是每月累计不得超过 36 小时。

6. 有下列情形之一的，可以延长工作时间：发生自然灾害、事故或者因其他原因，威胁劳动者生命健康和财产安全，需要紧急处理的；生产设备、交通运输线路、公共设施发生故障，影响生产和公众利益，必须及时抢修的；法律、行政法规规定的其他情形。

7. 有下列情形之一的，用人单位应当按照下列标准支付高于劳动者正常工作时间工资的工资报酬：

（1）安排劳动者延长工作时间的，支付不低于工资的 150% 的工资报酬。

（2）休息日安排劳动者工作又不能安排补休的，支付不低于工资的 200% 的工资报酬。

（3）法定休假日安排劳动者工作的，支付不低于工资的 300% 的工资报酬。

五、工资与报酬

1. 工资分配应当遵循按劳分配原则，实行同工同酬。工资水平在经济发展的基础上逐步提高。国家对工资总量实行宏观调控。

2. 用人单位根据本单位的生产经营特点和经济效益，依法自主确定本单位的工资分配方式和工资水平。

3. 国家实行最低工资保障制度。最低工资的具体标准由省、自治区、直辖市人民政府规定，报国务院备案。用人单位支付劳动者的工资不得低于当地最低工资标准。

4. 确定和调整最低工资标准应当综合参考下列因素：

（1）劳动者本人及平均赡养人口的最低生活费用。

（2）社会平均工资水平。

（3）劳动生产率。

（4）就业状况。

（5）地区之间经济发展水平的差异。

六、劳动安全卫生

1. 用人单位必须建立、健全劳动安全卫生制度，严格执行国家劳动安全卫生规程和标准，对劳动者进行劳动安全卫生教育，防止劳动过程中的事故，减少职业危害。

2. 劳动安全卫生设施必须符合国家规定的标准。新建、改建、扩建工程的劳动安全卫生设施必须与主体工程同时设计、同时施工、同时投入生产和使用。

3. 用人单位必须为劳动者提供符合国家规定的劳动安全卫生条件和必要的劳动防护用品，对从事有职业危害作业的劳动者应当定期进行健康检查。

4. 从事特种作业的劳动者必须经过专门培训并取得特种作业资格。

5. 劳动者在劳动过程中必须严格遵守安全操作规程。劳动者对用人单位管理人员违章指挥、强令冒险作业，有权拒绝执行；对危害生命安全和身体健康的行为，有权提出批评、检举和控告。

6. 国家建立伤亡事故和职业病统计报告和处理制度。县级以上各级人民政府劳动行政部门、有关部门和用人单位应当依法对劳动者在劳动过程中发生的伤亡事故和劳动者的职业病状况，进行统计、报告和处理。

七、职业培训

1. 国家通过各种途径，采取各种措施，发展职业培训事业，开发劳动者的职业技能，提高劳动者素质，增强劳动者的就业能力和工作能力。

2. 各级人民政府应当把发展职业培训纳入社会经济发展的规划，鼓励和支持有条件的企业、事业组织、社会团体和个人进行各种形式的职业培训。

3. 用人单位应当建立职业培训制度，按照国家规定提取和使用职业培训经费，根据本单位实际，有计划地对劳动者进行职业培训。从事技术工种的劳动者，上岗前必须经过培训。

4. 国家确定职业分类，对规定的职业制定职业技能标准，实行职业资格证书制度，由经过政府批准的考核鉴定机构负责对劳动者实施职业技能考核鉴定。

八、劳动争议

1. 用人单位与劳动者发生劳动争议，当事人可以依法申请调解、仲裁、提起诉讼，也可以协商解决。调解原则适用于仲裁和诉讼程序。

2. 解决劳动争议，应当根据合法、公正、及时处理的原则，依法维护劳动争议当事人的合法权益。

3. 劳动争议发生后，当事人可以向本单位劳动争议调解委员会申请调解；调解不成，当事人一方要求仲裁的，可以向劳动争议仲裁委员会申请仲裁。当事人一方也可以直接向劳动争议仲裁委员会申请仲裁。对仲裁裁决不服的，可以向人民法院提起诉讼。

4. 在用人单位内，可以设立劳动争议调解委员会。劳动争议调解委员会由职工代表、用人单位代表和工会代表组成。劳动争议调解委员会主任由工会代表担任。劳动争议经调解达成协议的，当事人应当履行。

5. 劳动争议仲裁委员会由劳动行政部门代表、同级工会代表、用人单位方面的代表组成。劳动争议仲裁委员会主任由劳动行政部门代表担任。

6. 提出仲裁要求的一方应当自劳动争议发生之日起 60 日内向劳动争议仲裁委员会提出书面申请。仲裁裁决一般应在收到仲裁申请的 60 日内做出。对仲裁裁决无异议的，当事人必须履行。

7. 劳动争议当事人对仲裁裁决不服的，可以自收到仲裁裁决书之日起 15 日内向人民法院提起诉讼。一方当事人在法定期限内不起诉又不履行仲裁裁决的，另一方当事人可以申请人民法院强制执行。

8. 因集体合同发生争议，当事人协商解决不成的，当地人民政府劳动行政部门可以组织有关各方协调处理。因履行集体合同发生争议，当事人协商解决不成的，可以向劳动争议仲裁委员会申请仲裁；对仲裁裁决不服的，可以自收到仲裁裁决书之日起 15 日内向人民法院提起诉讼。

第三节　节约能源法

为了推进全社会节约能源，提高能源利用效率和经济效益，保护环境，保障国民经济和社会的发展，满足人民生活需要，1997 年 11 月 1 日第八届全国人民代表大会常务委员会第二十八次会议通过，1998 年 1 月 1 日中华人民共和国主席令第 90 号公布并施行《中华人民共和国节约能源法》。

一、概述

能源是指煤炭、原油、天然气、电力、焦炭、煤气、热力、成品油、液化石油气、生物质能和其他直接或者通过加工、转换而取得有用能的各种资源；节能是指加强用能管理，采取技术上可行、经济上合理以及环境和社会可以承受的措施，减少从能源生产到消费各个环节中的损失和浪费，更加有效、合理地利用能源。

节能是国家发展经济的一项长远战略方针。国家制定节能政策，编制节能计划，并纳入国民经济和社会发展计划，是为了保障能源的合理利用，并与经济发展、环境保护相协调。

国家鼓励、支持节能科学技术的研究和推广，加强节能宣传和教育，普及节能科学知识，增强全民的节能意识。

二、节能管理

1. 国务院和地方各级人民政府应当加强对节能工作的领导，每年部署、协调、监督、检查、推动节能工作。

2. 国务院和省、自治区、直辖市人民政府应当根据能源节约与能源开发并举，把能源节约放在首位的方针，在对能源节约与能源开发进行技术、经济和环境比较论证的基础上，择优选定能源节约、能源开发投资项目，制定能源投资计划。

3. 国务院和省、自治区、直辖市人民政府应当在基本建设、技术改造资金中安排节能资金，用于支持能源的合理利用以及新能源和可再生能源的开发。市、县人民政府根据实际情况安排节能资金，用于支持能源的合理利用以及新能源和可再生能源的开发。

4. 国务院标准化行政主管部门制定有关节能的国家标准。对没有前款规定的国家标准的，国务院有关部门可以依法制定有关节能的行业标准，并报国务院标准化行政主管部门备案。制定有关节能的标准应当做到技术上先进，经济上合理，并不断加以完善和改进。

三、合理使用能源

1. 用能单位应当按照合理用能的原则，加强节能管理，制定并组织实施本单位的节能技术措施，降低能耗。用能单位应当开展节能教育，组织有关人员参加节能培训。未经节能教育、培训的人员，不得在耗能设备操作岗位上工作。

2. 用能单位应当加强能源计量管理，健全能源消费统计和能源利用状况分析制度。

3. 用能单位应当建立节能工作责任制，对节能工作取得成绩的集体、个人给予奖励。

4. 生产耗能较高的产品的单位，应当遵守依法制定的单位产品能耗限额。超过单位产品能耗限额用能，情节严重的，限期治理。限期治理由县级以上人民政府管理节能工作的部门按照国务院规定的权限决定。

5. 生产、销售用能产品和用能设备的单位和个人，必须在国务院管理节能工作的部门会同国务院有关部门规定的期限内，停止生产、销售国家明令淘汰的用能产品，停止国家明令淘汰的用能设备，并不得将淘汰的设备转让给他人使用。

6. 生产用能产品的单位和个人，不得使用伪造的节能质量认证标志或者冒用节能质量认证标志。

7. 单位职工和其他城乡居民使用企业生产的电、煤气、天然气、煤等能源应当按照国家规定计量和交费，不得无偿使用或者实行包费制。

四、节能技术

1. 国家鼓励、支持开发先进节能技术，确定开发先进节能技术的重点和方向，建立和完善节能技术服务体系，培育和规范节能技术市场。

2. 国家组织实施重大节能科研项目、节能示范工程，提出节能推广项目，引导企业事业单位和个人采用先进的节能工艺、技术、设备和材料。国家制定优惠政策，对节能示范工程和节能推广项目给予支持。

3. 县级以上各级人民政府应当组织有关部门根据国家产业政策和节能技术政策，推动符合节能要求的科学、合理的专业化生产。

4. 建筑物的设计和建造应当依照有关法律、行政法规的规定，采用节能型的建筑结构、材料、器具和产品，提高保温隔热性能，减少采暖、制冷、照明的能耗。

5. 各级人民政府应当按照因地制宜、多能互补、综合利用、讲求效益的方针，加强农村能源建设，开发、利用沼气、太阳能、风能、水能、地热等可再生能源和新能源。

6. 国家鼓励发展下列通用节能技术：

（1）推广热电联产、集中供热，提高热电机组的利用率，发展热能梯级利用技术，热、电、冷联产技术和热、电、煤气三联供技术，提高热能综合利用率。

（2）逐步实现电动机、风机、泵类设备和系统的经济运行，发展电机调速节电和电力电子节电技术，开发、生产、推广质优、价廉的节能器材，提高电能利用效率。

（3）发展和推广适合国内煤种的流化床燃烧、无烟燃烧和气化、液化等洁净煤技术，提高煤炭利用效率。

（4）发展和推广其他在节能工作中证明技术成熟、效益显著的通用节能技术。

7. 各行业应当制定行业节能技术政策，发展、推广节能新技术、新工艺、新设备和新材料，限制或者淘汰能耗高的老旧技术、工艺、设备和材料。

第四节　环境保护法

为保护和改善生活环境与生态环境，防治污染和其他公害，保障人体健康，促进社会主义现代化建设的发展，1989 年 12 月 26 日第七届全国人民代表大会常务委员会第十一次会议通过，1989 年 12 月 26 日中华人民共和国主席令第 22 号公布并施行《中华人民共和国环境保护法》。

一、概述

环境是指影响人类社会生存和发展的各种天然的和经过人工改造的自然因素总体，包括大气、水、海洋、土地、矿藏、森林、草原、野生动物、自然古迹、人文遗迹、自然保护区、风景名胜区、城市和乡村等。

《中华人民共和国环境保护法》将环境保护纳入国民经济和社会发展计划，采取有利于环境保护的经济、技术政策和措施。并鼓励环境保护科学教育事业的发展，加强环境保护科学技术的研究和开发，提高保护科学技术水平，普及环境保护的科学知识。

一切单位和个人都有保护环境的义务，并有权对污染和破坏环境的单位和个人进行检举和控告。县级以上地方人民政府的环境保护行政主管部门，对本辖区的环境保护工作实施统一管理。县级以上人民政府的土地、矿产、林业、水利行政主管部门，依照有关法律的规定，对资源的保护实施监督管理。对保护和改善环境有显著成绩的单位和个人，由人民政府给予奖励。

二、环境监督管理

1. 国务院环境保护行政主管部门制定国家环境质量标准。省、自治区、直辖市人民政府对国家环境质量标准中未作规定的项目，可以制定地方环境标准，并报国务院环境保护行政主管部门备案。

2. 国务院环境保护行政主管部门根据国家环境质量标准和国家经济、技术条件，制定国家污染物排放标准。省、自治区、直辖市人民政府对国家污染物排放标准中未作规定的项目，可以制定地方污染物排放标准；对国家污染物排放标准中已作规定的项目，可以制定严于国家污染物排放标准。地方污染物排放标准须报国务院环境保护行政主管部门备案。凡是向已有地方污染物排放标准的区域排放污染物的，应当执行地方污染物排放标准。

3. 国务院环境保护行政主管部门建立监测制度，制定监测规范，会同有关部门组织监测网络，加强对环境监测的管理。国务院和省、自治区、直辖市人民政府的环境保护行政主管部门，应当定期发布环境公报。

4. 县级以上人民政府的环境保护行政主管部门，应当会同有关部门对管辖范围内的环境状况进行调查和评价，拟订环境保护计划，经计划部门综合平衡后，报同级人民政府批准实施。

5. 建设对环境有污染的项目，必须遵守国家有关建设项目环境保护管理的规定。建设项目的环境影响报告书，必须对建设项目产生的污染和对环境的影响做出评价，规定防治措施，经项目主管部门预审并依照规定的程序报环境保护行政主管部门批准。环境影响报告书经批准后，计划部门方可批准建设项目设计书。

6. 县级以上人民政府环境保护行政主管部门或者其他依照法律规定行使环境监督管理权的部门，有权对管辖范围内的排污单位进行现场检查。被检查的单位应当如实反映情况，提供必要的资料。检察机关应为被检察机关保守技术秘密和业务秘密。

三、保护和改善环境

1. 地方各级人民政府，应当对本辖区的环境质量负责，采取措施改善环境质量。

2. 各级人民政府对具有代表性的各种类型的自然生态系统区域，珍稀、濒危的野生动物自然分布区域，重要的水源涵养区域，具有重大科学文化价值的地质构造、著名的溶洞和化石分布区，冰川、火山、温泉等自然遗迹，以及人文遗迹、古树名木，应当采取措施加以保护，严禁破坏。

3. 在国务院、国务院有关部门和省、自治区、直辖市人民政府规定的风景名胜区、自然保护区和其他需要特别保护的区域内，不得建设污染环境的工业生产设施；建设其他设施，其污染物排放不得超过规定的排放标准。已经建成的设施，其污染物排放超过规定排放标准的，限期治理。

4. 开发利用自然资源，必须采取措施保护生态环境。

5. 各级人民政府应当加强对农业环境的保护，防治土壤污染、土地沙化、盐渍化、贫瘠化、沼泽化、地面沉降和防治植被破坏、水土流失、水源枯竭、种源灭绝以及其他生态失调现象的发生和发展，推广植物病虫害的综合防治，合理利用化肥、农药及植物生长激素。

6. 国务院和沿海地方人民政府应当加强对海洋环境的保护。必须依照法律的规定，向海洋排放污染物，倾倒废弃物，进行海岸工程建设和海洋石油勘探开发，防止对海洋环境的污染损害。

7. 制定城市规划，应当确定保护和改善环境的目标和任务。

8. 城乡建设应当结合当地自然环境的特点，保护植被、水域和自然景观，加强城市园林、绿地和风景名胜区的建设。

四、防治环境污染

1. 产生环境污染和其他公害的单位，必须把环境保护工作纳入计划，建立环境保护责任制度；采取有效措施，防治在生产建设或者其他活动中产生的废气、废水、废渣、粉尘、恶臭气体、放射性物质以及噪声振动、电磁波辐射等对环境的污染和危害。

2. 新建工业企业和对现有工业企业进行技术改造，应当采用资源利用率高、污染物排放量少的设备和工艺，采用经济合理的废弃物综合利用技术和污染物处理技术。

3. 建设项目中防治污染的措施，必须与主体工程同时设计、同时施工、同时投产使用。防治污染的设施必须经原审批环境影响报告书的环境保护行政主管部门验收合格后，该建设项目方可投入生产或者使用。防治污染的设施不得擅自拆除或者闲置，确有必要拆除或者闲置的，必须征得所在地的环境保护行政主管部门的同意。

4. 排放污染物的企业事业单位，必须依照国务院环境保护行政主管部门的规定申报登记。

5. 排放污染物超过国家或者地方规定的污染物排放标准的企业事业单位，依照国家规定缴纳超标准排污费，并负责治理。《水污染防治法》另有规定的，依照《水污染防治法》的规定执行。征收的超标准排污费必须用于污染的防治，不得挪作他用，具体使用办法由国务院规定。

思 考 题

1. 消费者的含义是什么？它有什么特点？
2.《中华人民共和国消费者权益保护法》有什么作用？
3.《中华人民共和国劳动法》规定劳动者享有哪些权利？
4. 劳动合同包括哪些内容？它有什么作用？
5.《中华人民共和国节约能源法》包含哪些内容？它有什么作用？
6.《中华人民共和国环境保护法》包括哪些内容？它有什么作用？

第三章　沼气发酵基础知识

【知识目标】
　　掌握沼气的基础知识和发酵理论。
【技能目标】
　　认识沼气。

　　沼气，是指利用人工的方法所获得的"人工沼气"，研究人工制取和利用沼气的科学，称之为沼气工程学。沼气工程学涉及微生物学、化学、力学、建筑、机械、热工、电力、土壤肥料、环保卫生等多种学科，只有掌握有关沼气的基础知识，才能更好地为沼气建设事业服务，为生态家园建设作出更大的贡献。

第一节　沼　　气

一、什么是沼气

　　沼气，顾名思义就是沼泽产生的气体。沼气是一种能够燃烧的气体，它在人们日常生活中经常看到，如一些死水塘、污水沟或粪池中，表面往往咕嘟咕嘟地冒气泡，气温越高，气泡冒得越多，如果划着火柴，可把气泡里的气体点燃，这就是自然界天然产生的沼气。沼气是各种有机物质（如农作物秸秆、人畜粪便、生活污水等）在厌氧环境下，并在适宜的温度、湿度下，经过微生物的发酵作用产生的一种可燃性气体，因此，通常又称作生物气。

　　沼气发酵是自然界中较为常见的一种物质循环过程，在人们充分认识到自然界产生这种可燃性气体的规律后，便有意识的模拟产生沼气的人工环境并将其集中收集以便于利用。

　　在自然界中，有一种"天然气"，它的主要成分也是甲烷，只是比沼气中甲烷成分多，一般在 90%以上；还有两种常用的人工制成的"煤气"和"液化气"。煤气是以煤为原料制成的，以一氧化碳为主的可燃气体；液化气是炼油厂的副产品，是一种以丙烷、乙烷为主的可燃气体。可见它们与沼气虽然都是可燃性气体，但成分和制取方法是不一样的。

二、沼气的主要成分

一般情况下，沼气的主要成分是甲烷（CH_4），占 50%～70%（体积）；其次是二氧化碳（CO_2），占 30%～40%（体积）；另外，还含有少量硫化氢（H_2S）、氢气（H_2）、一氧化碳（CO）、氨气（NH_3）等气体。由于硫化氢有臭鸡蛋气味，所以沼气略带臭鸡蛋气味，点火燃烧后，这种气味就没有了。沼气中的甲烷、氢气、一氧化碳均为可燃性气体，人们正是通过燃烧这部分气体来获取能量。

标准沼气的甲烷含量是 60%（体积），二氧化碳含量小于 40%（体积）。

三、沼气的基本性能

1．热值

甲烷是一种发热值相当高的优质气体燃料，在标准状况下，热值为 35.9 兆焦/立方米，最高温度可达 1400℃。标准沼气的热值为 21.5 兆焦/立方米，折合标准煤 0.714 千克；最高温度可达 1200℃。

2．比重

甲烷对空气的相对密度为 0.55，标准沼气对空气的相对密度为 0.94。沼气比空气轻，在空气中容易扩散，扩散速度比空气快 3 倍。

3．溶解度

甲烷在水中的溶解度很小，在 20℃一个标准大气压下，100 个单位体积的水只能溶解 3 个单位体积的甲烷，所以，沼气不但在淹水条件下生成，还可用排水法进行收集。

4．爆炸极限

可燃气体在空气中的浓度低于某一极限时，氧化反应产生的热量不足以弥补散失的热量，使燃烧不能进行；当其浓度超过某一极限时，由于缺氧也无法燃烧。前一浓度极限称为着火下限，后一浓度称为着火上限。着火下限和着火上限称着火极限，着火极限又称爆炸极限。因此，沼气除了可以用于炊事、照明外，还可以用作动力燃料。

当标准沼气在空气中的浓度达到 8%～25%（即甲烷在空气中的浓度达到 5%～15%）时，如遇明火或微小的火星就会产生爆炸燃烧。

5．临界温度和压力

气体从气态变成液态时，所需要的温度和压力称为临界温度和临界压力。标准沼气的平均临界温度为-37℃，平均临界压力为 56.64×10^5 帕（即 56.64 个大气压力）。所以，沼气液化的条件是相当苛刻的，一般沼气只能以管道输气，不能液化装罐作为商品能源交易。

6．着火温度

可燃气体在空气中能引起自燃的最低温度称着火温度。

沼气是一种易燃易爆的气体，着火温度为 537℃；一氧化碳的着火温度为 605 ℃。

当标准沼气在空气中的浓度达到 8%～25%（即甲烷在空气中的浓度达到 5%～15%）时，如沼气温度达到 537℃，即使没有明火也会产生自燃，即产生爆炸燃烧。

7. 窒息中毒

当标准沼气在空气中的浓度达到 42%～50%（即甲烷在空气中的含量达到 25%～30%）时，对人、畜有一定的麻醉作用，又称沼气中毒。

人们呼吸的空气中，二氧化碳含量一般为 0.03%～0.1%，氧气含量为 20.9%。

当空气中的二氧化碳含量增加到 1.74%时，人们的呼吸就会加快、加深；二氧化碳含量增加到 10.4%时，人的忍受力就只能坚持 30 秒钟；二氧化碳含量增加到 30%左右，人的呼吸就会受到抑制，以致麻木死亡。

当空气中的氧气含量下降到 12%时，人的呼吸就会明显加快；氧气下降到 5%时，人就会出现神志模糊的症状。如果从新鲜空气环境里，突然进入氧气含量只有 4%以下的环境里，人在 40 秒钟内就会失去知觉，随之停止呼吸。

沼气池内，只有沼气，没有氧气，甲烷含量达到 50%～70%（体积），且沼气较轻，分布在上层；而二氧化碳含量占 30%～40%（体积），且二氧化碳较重，分布于下层。所以，沼气池内会使人很快窒息死亡。如果沼气池里有含磷的发酵原料，还会产生剧毒的磷化三氢气体，这种气体致人死亡更快。

8. 燃烧不完全中毒

如果沼气的燃烧不完全就会产生一氧化碳气体，当室内空气中一氧化碳含量为 0.02%时，人体吸入 6 小时后有轻微影响；当空气中一氧化碳含量为 0.04%时，3 小时后可感觉头痛；当空气中一氧化碳含量为 0.9%，1 小时后可感觉头痛和恶心；当空气中一氧化碳含量为 0.15%，1 小时后死亡，当空气中一氧化碳含量为 1%时，人吸入后会立即中毒、昏迷、甚至死亡。所以使用沼气时，一定要保证室内通风良好。

9. 沼液和沼渣的肥料效益

每立方米沼液相当于提供硫酸铵 1.25 千克、过磷酸钙 1 千克、氯化钾 0.37 千克；每立方米沼渣（湿料）相当于提供氮 3～4 千克，磷 1.25～2.5 千克，钾 2～4 千克。

第二节　沼气发酵原理

一、沼气发酵的概念

沼气发酵，又称厌氧消化，是指有机物在厌氧条件下，被各种沼气发酵微生物协同代谢转化，最终生成沼气的过程。沼气发酵过程实质上是微生物对物质代谢和能量转化的过程，微生物是沼气发酵的核心。沼气发酵微生物广泛存在于人和动物的肠胃，植物的木质组织，江、海、湖和水塘等水体底部的沉积物，各种污泥、粪池和稻田土壤中。

二、沼气发酵的基本过程

沼气发酵过程，实质上是微生物的物质代谢和能量转换过程，在分解代谢过程中沼气微生物获得能量和物质，以满足自身生长繁殖，同时大部分物质转化为甲烷和二氧化碳。这样各种各样的有机物质不断地被分解代谢，就构成了自然界物质和能量循环的重要环节。科学测定表明：有机物约有 90%被转化为沼气，10%被沼气微生物用于自身的消耗。所以说，发酵原料生成沼气是通过一系列复杂的生物化学反应来实现的。一般认为这个过程大体上分为水解发酵、产酸和产甲烷三个阶段。

1. 水解发酵阶段

各种固体有机物通常不能进入微生物体内被微生物利用，必须在好氧和厌氧微生物分泌的胞外酶、表面酶（纤维素酶、蛋白酶、脂肪酶）的作用下，将固体有机质水解为分子量较小的可溶性单糖、氨基酸、甘油、脂肪酸，如图 3-1 所示。这些分子量较小的可溶性物质就可以进入微生物细胞之内被进一步分解利用。

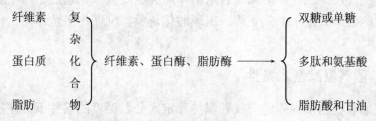

图 3-1　水解发酵阶段示意图

2. 产酸阶段

各种可溶性物质（单糖、氨基酸、脂肪酸），在纤维素细菌、蛋白质细菌、脂肪细菌、果胶细菌胞内酶作用下继续分解转化低分子物质，如丁酸、丙酸、乙酸以及醇、酮、醛等简单有机物质。同时，也有部分氢、二氧化碳和氨等无机物的释放。但在这个阶段中，主要的产物是乙酸，占 70%以上，所以称为产酸阶段，如图 3-2 所示。参加这一阶段的细菌称为产酸菌。

图 3-2　产酸阶段示意图

上述两个阶段是一个连续过程，通常称为不产甲烷阶段，它是复杂的有机物转化成沼气的先决条件。

3. 产甲烷阶段

由产甲烷菌将第二阶段分解出来的乙酸等简单有机物分解成甲烷和二氧化碳，

其中；二氧化碳在氢气的作用下还原成甲烷。这一阶段称为产气阶段或称产甲烷阶段，如图 3-3 所示。

$$\left.\begin{matrix} 乙酸 \\ 丙酸 \\ 醇类 \end{matrix}\right\} 简单化合物 \xrightarrow{甲烷菌} 甲烷 + 二氧化碳$$

图 3-3　产甲烷阶段示意图

综上所述，有机物变成沼气的过程，类似工厂里生产一种产品的 3 道工序，前两道工序是分解细菌将复杂有机物加工成半成品——结构简单的化合物，第三道工序是在甲烷菌的作用下，将半成品加工成产品即生成甲烷气体。

沼气发酵的各个阶段是相互依赖的，它们之间保持着动态的平衡。在正常发酵情况下，水解、产酸和产甲烷的速度相对稳定，水解和产酸速度过慢或过快，都将影响到产甲烷的正常进行。若水解和产酸速度太慢，原料分解速度低，发酵时间（周期）就会变长，产气速率下降；若水解和产酸速度太快，超过了产甲烷的速度，会积累大量的酸，致使 pH 值下降，出现酸化现象，抑制产甲烷作用，也会降低产气速率。

三、沼气发酵基本条件

丰富的有机物质在隔绝空气和保持一定水分、温度的条件下，便能生成沼气。在实验室里，对沼气的产生过程进行了深入研究，逐步弄清了人工制取沼气的工艺条件。

1. 碳氮比适宜的发酵原料

沼气发酵原料是沼气微生物赖以生存的物质基础，也是沼气微生物进行生命活动和产生沼气的营养物质。沼气发酵原料：按物理形态分为固态原料和液态原料两类，按营养成分又分为富氮原料和富碳原料两种，按来源可分为农村沼气发酵原料、城镇沼气发酵原料和水生植物三类。

富氮原料通常指富含氮元素的人、畜和家禽粪便，这类原料经过了人和动物肠胃系统的充分消化，一般颗粒细小，含有大量低分子化合物——人和动物未吸收消化的中间产物，含水量较高。因此，在进行沼气发酵时，它们不必进行预处理，就容易厌氧分解，产气很快，发酵期较短。

富碳原料通常指富含碳元素的农作物秸秆和秕壳等，这类原料富含纤维素、半纤维素、果胶以及难降解的木质素和植物蜡质。干物质含量比富氮的粪便原料高，且质地疏松，比重小，进入沼气池后容易漂浮形成发酵死区——浮壳层，发酵前一般需经预处理。富碳原料厌氧分解比富氮原料慢，产气周期较长。

氮素是构成沼气微生物躯体细胞质的重要原料，碳素不仅构成微生物细胞质，而且提供生命活动的能量。发酵原料的碳氮比不同，其发酵产气情况差异也很大。

从营养学和代谢作用角度看，沼气发酵细菌消耗碳的速度比消耗氮要快 25～30 倍。因此，在其他条件都具备的情况下，碳氮比例配成（25～30）：1 可以使沼气发酵在合适的速度下进行。如果比例失调，就会使产气和微生物的生命活动受到影响。因此，制取沼气不仅要有充足的原料如表 3-1 和表 3-2 所示，还应注意各种发酵原料碳氮比的合理搭配。

表 3-1 沼气池容积与畜禽饲养量的关系

项目	成猪	成牛	成羊	成鸡
日排粪量（千克）	3.0	15.0	1.5	0.1
总固体（%）	18.0	17.0	75	30.0
6 立方米沼气池（头、只）	5	1	20	167
8 立方米沼气池（头、只）	7	2	28	222
10 立方米沼气池（头、只）	8	3	32	278

2. 质优足量的菌种

沼气发酵微生物是人工制取沼气的内因条件，一切外因条件都是通过这个基本的内因条件才能起作用。因此，沼气发酵的前提条件就是要接入含有大量这种微生物的接种物，或者说含量丰富的菌种。

表 3-2 生产 1 立方米沼气的原料用量

发酵原料	含水率（%）	沼气生产转换率（立方米/千克）	生产 1 立方米沼气的原料用量	
			干重（千克）	鲜重（千克）
猪粪	82	0.25	4.00	13.85
牛粪	83	0.19	5.26	26.21
鸡粪	70	0.25	4.00	13.85
人粪	80	0.30	3.33	16.65
稻草	15	0.26	3.84	4.44
麦草	15	0.27	3.70	4.33
玉米秸	18	0.29	3.45	4.07
水葫芦	93	0.31	3.22	45.57
水花生	90	0.29	3.45	34.40

沼气发酵微生物都是从自然界来的，而沼气发酵的核心微生物菌落是产甲烷菌群，一切具备厌氧条件和含有有机物的地方都可以找到它们的踪迹。它们的生存场所，或者说人们采集接种物的来源主要有几处，如沼气池、湖泊、沼泽、池塘底部；阴沟污泥中；积水粪坑中；动物粪便及其肠道中；屠宰场、酿造厂、豆制品厂、副食品加工厂等阴沟之中以及人工厌氧消化装置中。

给新建的沼气池加入丰富的沼气微生物群落，目的是为了很快地启动发酵，而后又使其在新的条件下繁殖增生，不断富集，以保证大量产气。农村沼气池一般加入接种物的量为总投料量的 10%～30%。在其他条件相同的情况下，加大接种量，产气快，气质好，启动不易出现偏差，接种量与产气量的关系见表 3-3。

表 3-3　接种量与产气量的关系

原料（克）	接种量（克）	沼气量（升）	甲烷含量（%）	产气量（升/克）
人粪 50	10	1.435	48.2	0.029
人粪 50	20	4.805	56.4	0.096
人粪 50	50	10.698	66.3	0.202

注：发酵温度为 280℃，产气量为 28 天累计数；接种物为沼渣，其产气量已扣除。

3. 严格的厌氧环境

沼气微生气的核心菌群——产甲烷菌是一种厌氧性细菌，对氧特别敏感，它们在生长、发育、繁殖、代谢等生命活动中都不需要空气，空气中的氧气会使其生命活动受到抑制，甚至死亡。产甲烷菌只能在严格厌氧的环境中才能生长。所以，修建沼气池要严格密闭、不漏水、不漏气，这不仅是收集沼气和储存沼气发酵原料的需要，也是保证沼气微生物在厌氧的生态条件下生活得好，使沼气池能处在正常产气的需要。

4. 适宜的发酵温度

温度是沼气发酵的重要外因条件，温度适宜则细菌繁殖旺盛，活力强，厌氧分解和生成甲烷的速度就快，产气就多，见表 3-4。从这个意义上讲，温度是产气好坏的关键。

表 3-4　沼气原料在不同温度下的产气率

发酵原料	发酵温度（℃）	容积产气率[立方米/（立方米·天）]
猪粪+稻草	29～31	0.55
猪粪+稻草	24～26	0.21
猪粪+稻草	16～20	0.10
猪粪+稻草	12～15	0.07
猪粪+稻草	8 以下	微量

研究发现，在 10～60℃的条件下，沼气均能正常发酵产气。在 10～60℃范围外会抑制微生物存在、繁殖，影响产气。在这一温度范围内，一般温度越高，微生物活动越旺盛，产气量越高。微生物对温度变化十分敏感，温度突升或突降，都会影响微生物的生命活动，使产气状况恶化。

5. 适宜的酸碱度

沼气微生物的生长、繁殖，要求发酵原料的酸碱度保持中性或者微偏碱性，过酸、过碱都会影响产气。测定表明，pH 值为 6～8 时，均可产气，以 pH 值为 6.5～7.5 产量最高，pH 值低于 6 或高于 9 时均不产气。

农村户用沼气池发酵初期由于产酸菌的活动，池内产生大量的有机酸，导致 pH 值下降，随着发酵持续进行，氨化作用产生的氨中和了一部分有机酸，同时，甲烷菌的活动使大量的挥发酸转化为甲烷和二氧化碳，使 pH 值逐渐回升到正常值。所以，在正常的发酵过程中，沼气池内的酸碱度变化可以自然进行调解，先由高到低，然后又升高，最后达到恒定的自然平衡（即适宜的 pH 值），一般不需要进行人为调节。只有在配料和管理不当，正常发酵过程受到破坏的情况下，才可能出现有机酸大量积累，发酵料液偏酸的现象。此时，可取出部分料液，加入等量的接种物，将积累的有机酸转化为甲烷或者添加适量的草木灰或石灰澄清液中和有机酸，将酸碱度恢复到正常值。

6. 适度的发酵浓度

农村沼气池的负荷常用容积有机负荷表示，即单位体积沼气池每天所承受的有机物的数量，通常以化学需氧量千克/（立方米·天）为单位。容积负荷是沼气池设计和运行的重要参数，其大小主要由厌氧活性污泥的数量和活性决定。

农村沼气池的负荷通常用发酵原料浓度来体现，适宜的干物质浓度为 4%～10%，即发酵原料含水量为 90%～96%。发酵浓度随着温度的变化而变化，夏季一般为 6% 左右，冬季一般为 8%～10%。浓度过高或过低，都不利于沼气发酵。浓度过高，则含水量过少，发酵原料不易分解，并容易积累大量酸性物质，不利于沼气菌的生长繁殖，影响正常产气。浓度过低，则含水量过多，单位容积里的有机物含量相对减少，产气量也会减少，不利于沼气池的充分利用。

7. 持续的搅拌

静态发酵沼气池原料加水混合与接种物一起投进沼气池后，按其比重和自然沉降规律，从上到下将明显逐步分成浮渣层、清液层、活性层和沉渣层。这样的分层分布对微生物以及产气是很不利的，易导致原料和微生物分布不均，大量的微生物集聚在底层活动，因为此处接种污泥多，厌氧条件好，但原料缺乏，尤其是用富碳的秸秆做原料时，容易漂浮到料液表层，不易被微生物吸收和分解，同时，形成的密实结壳，不利于沼气的释放。为了改变这种不利状况，就需要采取搅拌措施，变静态发酵为动态沼气池的搅拌通常分为机械搅拌、气体搅拌和液体搅拌三种方式。机械搅拌是通过机械装置运转达到搅拌目的；气体搅拌是将沼气从池底部冲进去，产生较强的气体回流，达到搅拌的目的；液体搅拌是从沼气池的出料间将发酵液抽出，然后从进料管冲入沼气池内，产生较强的液体回流，达到搅拌的目的。

农村户用沼气池通常采用强制回流的方法进行人工液体搅拌，即用人工回流搅拌装置或污泥泵，将沼气池底部料液抽出，再泵入进料部位，促使池内料液强制循环流动，提高产气量。

实践证明，适当的搅拌方法和强度，可以使发酵原料分布均匀，增加微生物与原料的接触，使之获取营养物质的机会增加，活性增强，微生物繁殖旺盛，从而提高产气量。同时，搅拌可以打碎结壳，提高原料的利用率及能量转换效率，并有利于气泡的释放。搅拌后，平均产气量可提高30%。

四、沼气发酵工艺

沼气发酵工艺是指通过沼气发酵微生物生产沼气的技术和方法。由于沼气发酵原料多种多样，沼气发酵微生物类群复杂。所以，沼气发酵工艺类型较多，通常按温度、投料的方式、发酵浓度、发酵阶段、发酵级差等进行分类。

1. 按发酵温度分

沼气发酵的温度范围在 10～60℃，依据沼气发酵微生物对温度的适应，沼气发酵工艺可以分为：常温发酵、中温发酵和高温发酵。

（1）常温发酵。常温发酵是指在自然温度下进行的发酵。在 10～26℃范围内，温度越高，产气越多。发酵温度随着气温和地温的变化而变化，夏季产气速率高，冬季产气速率低或者不产气。在发酵料液温度低于 8℃后，基本停止产气。该工艺的优点是不需要控制沼气池的温度，沼气发酵设备最简单，可以节约加热的投资，简化日常管理工作，我国农村沼气池基本采用这种工艺。

（2）中温发酵。中温发酵是指温度在 30～40℃时进行的发酵。通常温度控制在 （35±2）℃，产气量均衡，可以保证沼气发酵的全年正常进行，产气速率比高温发酵的产气速率低一些，维持温度消耗的能量也少一些。

（3）高温发酵。高温发酵是指温度在 50～60℃时适宜高温微生物的发酵。通常发酵温度为（53±2）℃，原料代谢速率快，产气量均衡、速率高，可以有效杀灭各种致病菌和寄生虫卵。但是，维持温度所需的能耗较大。最适于处理高温的废水废物，如酒厂废醪液、柠檬酸厂废水、豆腐厂废水等。

2. 按投料方式分

根据投料方式是否连接，沼气发酵可以分为连续发酵、半连续发酵和批量发酵3种工艺。

（1）连续发酵。沼气池启动进入正常发酵后，根据预定原料处理量或产气量，连续不断地加入原料，同时排出相同体积发酵料液，维持稳定连续的沼气发酵。该工艺适用于大型养殖场等能稳定、连续供应发酵原料的地方。

（2）半连续发酵。沼气池启动时投入较多的原料，一般使发酵浓度达到预定值。进入正常发酵、产气量逐渐下降（池内原料即将耗尽）时，开始定期，最好每天投进新原料，同时排出发酵料液，以维持正常和较为稳定的发酵，我国农村家用沼气池基本采用该工艺，与猪圈、厕所结合在一起的"三结合"沼气池，可以较为方便地将猪圈、厕所中的粪便投入沼气池中。

（3）批量发酵。发酵原料一次投入沼气池中，发酵期间不添加新的原料，等发酵完后，把发酵料液或残留物全部取出，再重新投入新料开始下一次发酵，周而复始。批量发酵的产气率不稳定，开始发酵时产气量较少，但随后上升很快，到达产气高峰和维持一段时间后，产气量随着原料的耗尽而下降。其优点是进入正常发酵后，不需管理，比较省事，缺点是产气不均衡，适用性较差。该工艺主要用于原料产气率的测定或发酵全过程的研究、城市生活垃圾坑填式处理等。

3. 按发酵浓度分

根据发酵料液干物质浓度，沼气发酵可以分为低浓度发酵、高浓度发酵和干发酵3种。

（1）低浓度发酵。发酵料液的干物质浓度在10%以下，农村沼气池通常采用这种工艺。

（2）高浓度发酵。发酵料液的干物质含量为10%～20%，一般不采用这种工艺。

（3）干发酵也称固体发酵，发酵料液的干物质含量在20%以上，与农村堆沤肥的方法相似，由于出料困难，不容易实现连续或半连续发酵，通常只在批量发酵中采用。

4. 按发酵级差分

（1）单级沼气发酵。整个沼气发酵在一个沼气池中完成。采用这种工艺的沼气池结构简单，运行管理比较方便，建池和管理的投资比较低，目前是我国农村最常见的沼气发酵类型。

（2）两级沼气发酵。由两个沼气池串联而成。第一个沼气池主要用于产气，产气量为总产气量的80%。第二个沼气池对有机物质进行较为彻底的分解。

（3）多级沼气发酵。与两级沼气发酵相似，发酵原料经过三级、四级、甚至更多级的发酵，更为彻底地被利用。多级发酵一般不被采用。

5. 按发酵阶段分

根据沼气发酵三阶段理论，分为一步发酵工艺和二步发酵工艺。

（1）一步发酵工艺简称一步法，也称单相发酵，即沼气发酵的水解、产氢产酸和产甲烷阶段在同一沼气池中进行。我国农村沼气池基本采用这种工艺。

（2）二步发酵工艺简称二步法，也称两相发酵，即沼气发酵和不产甲烷发酵（水解和产氢、产酸阶段）和产甲烷发酵分别在两个不同的沼气发酵装置中进行，可以为不同的微生物创造较好的生活环境，促进它们的生长和繁殖，因而产气率较高。

6. 以料液流动方式划分

（1）无搅拌且料液分层的发酵工艺。当沼气池未设置搅拌装置时，无论发酵原料为非匀质的（草、粪混合物）或匀质的（粪），只要其固形物含量较高，在发酵过程中料液都会出现分层现象。这种发酵工艺，因沼气微生物不能与浮渣层原料充分接触，上层原料难以发酵，下层沉淀又占有越来越多的有效容积，因此，原料产气率和池容产气率均较低，并且必须采用大换料的方法排除浮渣和沉淀。

（2）全混合式发酵工艺。由于采用了混合措施或装置，池内料液处于完全均匀或基本均匀状态，因此，微生物能和原料充分接触，整个投料容积都是有效的。它具有消化速度快，容积负荷率和体积产气率高的优点。处理禽畜粪便和城市污泥的大型沼气池属于这种类型。

（3）塞流式发酵工艺。采用这种工艺的料液，在沼气池内无纵向混合，发酵后的料液借助于新鲜料液的推动作用排走。这种工艺能较好地保证原料在沼气池内的滞留时间，在实际运行过程中，完全无纵向混合的理想塞流方式是没有的。许多大中型畜禽粪污沼气工程采用这种发酵工艺。

沼气发酵工艺除以上划分标准外，还有一些其他的划分标准。例如，把"塞流式"和"全混合式"结合起来的工艺，即"混合—塞流式"；以微生物在沼气池中的生长方式区分的工艺，如"悬浮生长系统"发酵工艺、"附着生长系统"发酵工艺。需要注意的是，上述发酵工艺是按照发酵过程中某一条件特点进行分类的，而实践中应用的发酵工艺所涉及的发酵条件较多，上述工艺类型一般不能完全概括。因此，在确定实际的发酵工艺属于什么类型时，应按具体情况分析。比如：我国农村大多数户用沼气池的发酵工艺，从温度来看，是常温发酵工艺；从投资方式来看，是半连续投料工艺；从料液流动方式看，是料液分层状态工艺；按原料的生化变化过程看，是单相发酵工艺。因此，其发酵工艺属于常温、半连续投料、分层、单相发酵工艺。

思 考 题

1. 什么是沼气？
2. 沼气是由哪些成分组成的？
3. 沼气发酵的基本过程是什么？
4. 沼气发酵应具备什么条件？各条件应如何调控？
5. 沼气发酵分为哪些工艺类型？各种类型有什么特点？

第四章 材料与建筑基础知识

【知识目标】
掌握建筑材料和建筑基础知识。

【技能目标】
建筑材料认知和建筑识图。

在以沼气建设中，设计是基础，材料是载体，建造是关键，质量是保证，四者缺一不可。只有了解建造沼气池的材料特性，并熟练掌握建筑施工工艺，才能达到预期目的。

第一节 建筑材料

在修建沼气池中，建池材料选择和使用得是否恰当，直接关系到建池质量、使用寿命和建池费用等。了解各种建池材料的性能和用法，对修建高质量的沼气池至关重要。

一、材料种类及其特性

（一）普通黏土砖

普通黏土砖是用黏土经过成型、干燥、焙烧而成，有红砖、青砖和灰砖之分；按生产方式又可分为机制砖和手工砖；按强度划分为 MU5.0、MU7.5、MU10、MU15、MU20 五种级别。

修建沼气池要求用强度为 MU7.5 或 MU10 的砖，其标准尺寸为 240 毫米×115 毫米×53 毫米，容重 1700 千克/立方米，抗压强度 7.35～9.8 兆帕，抗弯强度 1.76～2.25 兆帕。尺寸应整齐，各面应平整，无过大翘曲，建池时，应避免使用欠火砖、酥砖及螺纹砖，以免影响建池质量。

（二）水泥

水泥是一种水硬性的胶凝材料，当其与水混合后，其物理化学性质发生变化；由浆状或可塑状逐渐凝结，进而硬化为具有一定硬度和强度的整体。因此，要正确合理地使用水泥，必须掌握水泥的各种特性和硬化规律。

1. 水泥种类和特性

目前我国生产的水泥品种达 30 多种，建沼气池用水泥为普通硅酸盐水泥、矿渣硅酸盐水泥、火山灰质硅酸盐水泥等。

（1）普通硅酸盐水泥就是在水泥熟料中加入 15% 的活性材料和 10% 填充材料，并加入适量石膏细磨而成。其特性是和匀性好，快硬，早期强度高，抗冻、耐磨、抗渗性较强。缺点是耐酸、碱和硫酸盐类等化学腐蚀及耐水性较差。

（2）矿渣硅酸盐水泥在硅酸盐水泥熟料中掺 20%～35% 的高炉矿渣，并加入少量石膏磨细而成。其特性是耐硫酸盐类腐蚀，耐水性强，耐热性好，水化热较低，蒸养强度增长较快，在潮湿环境中后期强度增长较快。缺点是早期强度较低，低温下凝结缓慢，耐冻、耐磨、和匀性差，干缩变形较大，有泌水现象。使用时应加强洒水养护，冬季施工注意保温。

（3）火山灰质硅酸盐水泥在水泥熟料中掺入 20%～25% 的火山灰质材料和少量石膏细磨而成。其特性是耐硫酸盐类腐蚀，耐水性强，水化热较低，蒸养强度增长较快，后期强度增长快，和匀性好。缺点是早期强度较低，低温下凝结缓慢，耐冻、耐磨性差，干缩性、吸水性较大。使用时应注意加强洒水养护，冬季施工注意保温。

2. 水泥的化学成分

生产水泥的主要原料是：石灰石、黏土、铁矿粉、石膏。经过一定的配料后，混合粉磨，采用干法或湿法在 1400℃ 的高温下煅烧成熟料，而后经细磨加入适量石膏而成。其矿物成分主要有铝酸三钙（$3CaO \cdot Al_2O_3$）、硅酸三钙（$3CaO \cdot SiO_2$）、硅酸二钙（$2CaO \cdot SiO_2$）、铁铝酸四钙（$4CaO \cdot Al_2O_3 \cdot Fe_2O_3$）等四种。

3. 水泥的质量标准

建造沼气池，一般采用普通硅酸盐水泥配制混凝土、钢筋混凝土、砂浆等，用于地上、地下和水中结构。普通硅酸盐水泥的品质指标和特性如下：

（1）比重。比重一般为 3.05～3.20，通常用 3.1。容重松散状态时为 900～1100 千克/立方米；压实状态为 1400～1700 千克/立方米，通常采用 1300 千克/立方米。

（2）细度。水泥的细度是指水泥颗粒的粗细程度，它影响水泥的凝结速度与硬化速度。水泥颗粒越细，凝结硬化越快，早期强度也越高。水泥的细度按国家标准，通过标准筛（4900 孔/立方厘米）的筛余量不得超过 15%。

（3）凝结时间。为了保证有足够的施工时间，又要施工后尽快地硬化，普通水泥应有合理的凝结时间。水泥凝结时间分为初凝和终凝。国家标准规定初凝不得早于 45 分钟，终凝不得迟于 12 小时。目前，我国生产的水泥初凝时间是 1～3 小时，终凝时间是 5～8 小时。

（4）强度。强度是确定水泥标号的指标，也是选用水泥的主要依据。一般水泥强度的发展，3 天和 7 天发展很快，28 天的强度接近最大值。常用的三种水泥强度增长和时间的关系列表 4-1，供使用中参考。

表 4-1　水泥强度增长与时间的关系

水泥品种	水泥标号	抗压强度（兆帕）			抗拉强度（兆帕）		
		3 天	7 天	28 天	3 天	7 天	28 天
普通硅酸盐水泥	225	—	12.75	22.06	—	—	—
	275	—	15.69	26.97	—	—	—
	325	11.77	18.63	31.87	2.45	3.63	5.39
	425	15.69	24.52	41.68	3.33	4.51	6.28
	525	20.59	31.38	51.48	4.12	5.30	7.06
	625	26.48	40.21	61.29	4.90	6.08	7.84
矿渣硅酸盐水泥 火山灰硅酸盐水泥	225	—	10.79	22.06	—	2.45	4.41
	275	—	12.75	26.97	—	2.75	4.90
	325	—	14.71	31.87	—	3.24	5.39
	425	—	20.59	41.68	—	4.12	6.28
	525	—	28.44	51.48	—	4.90	7.06

（5）安定性。安定性是指水泥在硬化过程中体积变化均匀和不产生龟裂的性质。一般水泥出炉后 45 天方可使用。

（6）水泥的硬化。水泥的硬化可以延续到几个月，甚至几年。水泥在凝固和硬化过程中，要放出一定的热量，潮湿环境对水泥的硬化是有利的，水泥在水中的硬化强度比在空气中的硬化强度要大。因此，在工程上常利用这一性质进行养护，比如加盖稻草垫喷水养护。

（7）需水量。水泥水化时所需水量一般为 24%～30%，为了满足施工需要，通常用水量一般超出水泥水化需水量的 2～3 倍。但必须严格控制水灰比。尤其不能随意加水，过多加水会引起胶凝物质流失，水分蒸发后，在水泥硬化后的块体中会形成空隙，使其强度大为降低。在空气中，水分从水泥块中蒸发出来，引起水泥块收缩变形，并出现纤维状裂缝，使其强度进一步降低。

（8）水泥的保管。水泥在贮存中，能与周围空气中的水蒸气和二氧化碳作用，使颗粒表面逐渐水化和碳酸化。因此，在运输时应注意防水、防潮，并贮存在干燥、通风的库房中，不能直接接触地面堆放，应在地面上铺放木板和防潮物，堆码高度以 10 袋为宜。水泥的强度随贮存时间的增长而逐渐下降。建池时，必须购买新鲜水泥，随购随用，不能用结块水泥。

（三）石子

石子是配制混凝土的粗骨料，有碎石、卵石之分。碎石是由天然岩石或卵石经破碎，筛分而得的粒径大于 5 毫米的岩石颗粒，具有不规则的形状，以接近立方体者为好，颗粒有棱角，表面粗糙，与水泥胶结力强，但空隙率较大，所需填充空隙的水泥砂浆较多。碎石的容重为 1400～1500 千克/立方米。建小型沼气池采用细石子，最大粒径不得超过 20 毫米。因为沼气池池壁厚度为 40～50 毫米，石子最大粒径不得超过壁厚的 1/4。碎石要洗干净，不得混入灰土和其他杂质。风化的碎石不宜使用。

卵石又叫砾石，是岩石经过自然风化所形成的散粒状材料。由于产地不同，有山卵石、河卵石与海卵石之分。按其颗粒大小分为：特细石子（5～10 毫米）、细石子（10～20 毫米）、中等石子（20～40 毫米）、粗石子（40～80 毫米）四级。建小型沼气池宜选用细石子。卵石的容重取决于岩石的种类，坚硬岩石的石子容重为 1400～1600 千克/立方米。中等坚硬石子容重为 1000～1400 千克/立方米。轻质岩石的石子容重低于 1000 千克/立方米。修建沼气池的卵石要干净，含泥量不大于 2%，不含柴草等有机物和塑料等杂物。

（四）砂子

砂子是天然岩石经自然风化，逐渐崩裂形成的，粒径在 5 毫米以下的岩石颗粒称为天然砂。按其来源不同，天然砂分为河砂、海砂、山砂等；按颗粒大小分为粗砂（平均粒径在 0.5 毫米以上）、中砂（平均粒径为 0.35～0.5 毫米）、细砂（平均粒径为 0.25～0.35 毫米）和特细砂（平均粒径在 0.25 毫米以下）四种。

砂子是砂浆中的骨料，混凝土中的细骨料。砂颗粒愈细，而填充砂粒间空隙和包裹砂粒表面以薄膜的水泥浆愈多，需用较多的水泥。配制混凝土的砂子，一般以采用中砂或粗砂比较适合。特细砂亦可使用，但水泥用量要增加 10% 左右。天然砂具有较好的天然连续级配，其容重一般为 1500～1600 千克/立方米，空隙率一般为 37%～41%。

建造沼气池宜选用中砂，因为中砂颗粒级配好。级配好就是有大有小，大小颗粒搭配得好，咬接得牢，空隙小，既节省水泥，强度又高。沼气池是地下构筑物，要求防水防渗，对砂子的质量要求是质地坚硬、洁净，泥土含量不超过 3%，云母允许含量在 0.5% 以下，不含柴草等有机物和塑料等杂物。

（五）钢筋

一般 50 立方米以下的农村户用沼气池可不配置钢筋，但在地基承载力差或土质松紧不匀的地方建池需要配置一定数量的钢筋，同时天窗口顶盖、水压间盖板也需要部分钢筋。

常用的钢筋，按化学成分划分，有碳素钢和普通低合金钢两类。按强度可划分为 I～V 级，建池中常用 I 级钢筋。I 级钢筋又称 3 号钢，直径为 4～40 毫米。其受拉、受压强度约为 240 兆帕。混凝土中使用的钢筋应清除油污、铁锈并矫直后使用。钢筋的弯、折和末端的弯钩应按净空直径不小于钢筋直径 2.5 倍作 180° 的圆弧弯曲。

（六）水

拌制混凝土、砂浆以及养护用的水，要用干净、清洁的中性水，不能用酸性或碱性水。

二、混凝土

建造沼气池的混凝土是以水泥为胶凝材料，石子为粗骨料，砂子为细骨料，和水按适当比例配合、拌制成混合物，经一定的时间硬化而成的人造石材。在混凝土中，砂、石起骨架作用，称为骨料，水泥与水形成水泥浆，包在骨料表面并填充其空隙。硬化前，水泥浆起润滑作用，使混合物具有一定的流动性，便于施工，水泥砂浆硬化后，将骨料胶结成一个结实的整体。

混凝土具有较高的抗压能力，但抗拉能力很弱。因此，通常在混凝土构件的受拉断面设置钢筋，以承受拉力。凡没有加钢筋的混凝土称素混凝土，加有钢筋的混凝土称钢筋混凝土。混凝土除具有抗压强度高、耐久性良好的特点外，其耐磨、耐热、耐侵蚀的性能都比较好，加之新拌和的混凝土具有可塑性，能够随模板制成所需要的各种复杂的形状和断面，所以，农村沼气池和沼气工程大都采用混凝土现浇施工或砖混组合施工。

（一）混凝土的组成与分类

1. 混凝土的组成

（1）水泥。混凝土强度的产生主要是水泥硬化的结果。水泥标号由要求的混凝土标号来选择，一般应为混凝土标号的 2～3 倍，修建沼气池一般选用 425 号普通硅酸盐水泥。

（2）骨料。石子的最大颗粒尺寸不得超过结构截面最小尺寸的 1/4，有钢筋时最大粒径不得大于钢筋间最小净距离的 3/4。对于厚度为 10 厘米和小于 10 厘米混凝土板、沼气池盖，可允许采用一部分最大粒径达 1/2 板厚的骨料，但数量不得超过 25%。砂子用于填充石子之间的空隙，一般宜选用粗砂。粗砂总数面积小，拌制混凝土比用细砂节省水泥。混凝土砂石之间的空隙是由水泥填充的，为了达到节约水泥和提高强度的目的，应尽量减少砂石之间的空隙，这就需要良好的砂石级配。在拌制混凝土时，砂石中应含有较多的粗砂，并以适当的中砂和细砂填充其中的空隙。优良的砂石级配不仅水泥用量少，而且可以提高混凝土的密实性和强度。

（3）水。拌制混凝土、砂浆以及养护用水要用饮用的水。

（4）外加剂。混凝土的外加剂也称外掺剂或附加剂，它是指除组成混凝土的各种原材料之外，另外加入的材料。目前，在混凝土中使用的外加剂有减水剂、早强剂、防水剂、密实剂等。

2. 混凝土的分类

混凝土的品种很多，它们的性能和用途也各不相同，因此，分类方法也很多，通常按质量密度，分为特重混凝土、重混凝土、轻混凝土、特轻混凝土等。

（1）特重混凝土。质量密度>2500千克/立方米，是用特别密实和重的骨料制成具有防 X 和 γ 射线的性能。

（2）重混凝土。质量密度 1900～2500 千克/立方米，是用天然砂石作骨料制成的。主要用于各种承重结构。重混凝土也称为普通混凝土。

（3）轻混凝土。质量密度<1900 千克/立方米，其中包括质量密度为 800～1900 千克/立方米的轻骨料混凝土（采用火山淹浮石、多孔凝灰岩、黏土陶粒等轻骨料）和质量密度为 500 千克/立方米以上的多孔混凝土（如泡沫混凝土、加气混凝土等）。主要用于承重和承重隔热结构。

（4）特轻混凝土。质量密度在 500 千克/立方米以下，包括多孔混凝土和用特轻骨料（如膨胀珍珠岩、膨胀蛭石、泡沫塑料等）制成的轻骨料混凝土，主要用作保温隔热材料。

三、砂浆

砂浆是由水泥、砂子加水拌和而成的胶结材料，在砌筑工程中，用来把单个的砖块、石块或砌块组合成墙体，填充砌体空隙并把砌体胶结成一个整体，使之达到一定的强度和密实度。砌筑砂浆不仅可以把墙体上部的外力均匀地传布到下层，还可以阻止块体的滑动。

（一）砂浆的种类

按砂浆组成材料不同，可分为水泥砂浆、混合砂浆和石灰砂浆；按其用途分为砌筑砂浆和抹面砂浆；按性质分为气硬性砂浆和水硬性砂浆。

1. 砌筑砂浆

砌筑砂浆用于砖石砌体，其作用是将单个砖石胶结成为整体，并填充砖石块材间的间隙，使砌体能均匀传递载荷。砌筑沼气池的砂浆一般采用水泥砂浆，其组成材料的配合比见表 4-2。

表 4-2　砌筑砂浆配合比

种类	砂浆标号	配合比（重量比）	材料用量（千克/立方米）	
			325 号水泥	中砂
水泥砂浆	M5.0	1：7.0	180	1260
	M7.5	1：5.6	243	1361
	M10.0	1：4.8	301	1445

2. 抹面砂浆

抹面砂浆用于平整结构表面及其保护结构体，并有密封和防水防渗作用，其配合比一般采用 1∶2、1∶2.5 和 1∶3，水灰比为 0.5～0.55 的水泥砂浆。沼气池抹面砂浆可掺用水玻璃、三氯化铁防水剂（3%）组成防水砂浆。庭院沼气池抹面砂浆配合比见表 4-3。

表 4-3　抹面砂浆配合比

种类	配合比	1 立方米砂浆材料用量		
	（体积比）	325 号水泥（千克）	中砂（千克）	水（立方米）
水泥砂浆	1∶1.0	812	0.680	0.359
	1∶2.0	517	0.866	0.349
	1∶2.5	438	0.916	0.347
	1∶3.0	379	0.953	0.345
	1∶3.5	335	0.981	0.344
	1∶4.0	300	1.003	0.343

（二）砂浆的性质

砂浆的性质决定于它的原料、密实程度、配合成分、硬化条件、龄期等。砂浆应具有良好的和易性，硬化后应具有一定的强度和黏结力，以及体积变化小且均匀的性质。

砂浆的流动性与砂浆的加水量、水泥用量、石灰膏用量、砂子的颗粒大小和形状、砂子的空隙率以及砂浆搅拌的时间等有关。对流动性的要求，可以因砌体种类、施工时大气温度和湿度等的不同而异。一般来说，石灰砂浆的保水性比较好，混合砂浆次之，水泥砂浆较差。同一种砂浆，稠度大的容易离析，保水性就差。所以，在砂浆中添加微沫剂是改善保水性的有效措施。砂浆强度是由砂浆试块的强度测定的，常用的砂浆有 M1.0、M2.5、M5.0、M7.5、M10 号。

（三）影响砂浆性质的因素

（1）配合比；

（2）原材料；

（3）搅拌时间；

（4）养护时间和温度；养护时间、温度和砂浆强度的关系见表 4-4；

（5）养护的湿度。

表 4-4　用 325#、425#普通硅酸盐水泥拌制的砂浆强度增长率

龄期	不同温度下的砂浆强度百分率（以在 20℃时养护 28 天的强度为 100%）							
（天）	1℃	5℃	10℃	15℃	20℃	25℃	30℃	35℃
1	4	5	8	11	15	19	23	25
3	18	25	30	36	43	48	54	60
7	38	46	54	62	69	73	78	82
10	46	55	64	71	78	84	88	92
14	50	61	71	78	85	90	94	98
21	55	67	76	85	93	98	102	104
28	59	71	81	92	100	104	—	—

四、密封涂料

沼气池结构体建成后，要在水泥砂浆基础密封的前提下，用密封涂料进行表面涂刷，封闭毛细孔，确保沼气池不漏水、不漏气。

对密封材料的要求是：密封性能好，耐腐蚀，耐磨损，黏结性好，收缩量小，便于施工，成本低。常用的沼气池密封涂料种类有：

（一）水泥掺和型

该类密封涂料采用高分子耐腐蚀树脂材料做成膜物，以水泥作增强剂配成的混合密封涂料。用该密封涂料涂刷沼气池，使全池以"硬质薄膜"包被，填充了水泥疏松网孔，又利用水泥高强度性能，使薄膜得以保护。用该密封剂制浆涂刷后，具有光亮坚硬、薄膜包被、密封性能高、黏结性强、耐腐蚀、无隔离层、使用简单、节约投资等特点。

（二）直接涂刷型

该类密封涂料无需配比，可直接用于沼气池内表面涂刷，常用材料有硅酸钠，俗称水玻璃、泡花碱，具有较好的胶结能力，比重 1.38～1.40，模数 2.6～2.8。纯水泥浆、硅酸钠交替涂刷 3～5 遍即可。

（三）复合涂料

复合密封涂料具有防腐蚀、防漏、密封性能好的特点，能满足常温涂刷，24 小时固化，冬夏和南北方都能保持合适的黏流态。在严格保证抹灰和涂刷质量的前提下，可减少层次，节约水泥用量。

第二节　建筑识图

　　建筑工程图是把几个投影平面组合起来表示一个客观实物，它能完整准确地表达出建筑物的外形轮廓、大小尺寸、结构构造和材料做法。设计人员通过图面表示其设计思路，施工和制造人员通过看图才能理解实物的形状和构造，领会设计意图，按图纸施工建造，使建造的实物准确地达到设计要求，是指导施工的主要依据，直接参加施工的工人和管理人员都应熟练地掌握看图知识。

一、基本知识

（一）正投影法与视图

1. 什么叫投影法

　　投影的现象在日常生活中随处可见，如在晚上，把矩形纸片放在灯和墙之间，墙壁上就会出现矩形的影子，这个影子就叫该纸片在墙壁上的投影。在制图中，把灯所发出的光线称为投影线，墙壁称为投影面，投影面上呈现出的物体影子称为物体的投影，如图 4-1 所示。

　　要将物体的形状投影到平面上，就必须具有投影线和投影面，并使投影线通过物体照射到投影面上，在投影面上得到图形的方法称为投影法。

2. 正投影法及正投影图

　　当把图 4-1 中的光源移至无穷远时，光线就相互平行了，光线通过纸片照射到投影面上，这样得到的影子，就反映纸片的真实形状，如图 4-2 所示。

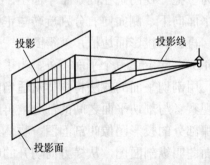
图 4-1　物体的投影图

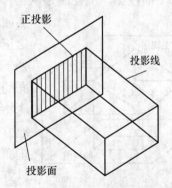
图 4-2　正投影法

　　投影线相互平行且垂直的投影称为平行正投影法，简称正投影法。用正投影法画出来的物体轮廓图形叫正投影图，它反映物体的真实大小，如图 4-3 所示。

3. 正投影法的基本特点

　　任何物体的形状，都可以看成是由点、线、面组成，以矩形纸片的正投影为例，讨论正投影，其基本特点如下：

（1）如果纸片平行于投影面，投影图的形状大小和投影物一样，见图4-4a。

（2）如果纸片垂直于投影面，投影图就是一条直线，见图4-4b。

（3）如果纸片倾斜于投影面，其投影图形变小，见图4-4c。

由于正投影具有显示物体形状和积聚为一线的特点，所以，正投影图不仅能表达物体的真实形状和大小，而且还能有绘制方便、简单等优点，因此，建筑图一般都采用正投影法，简称投影法，用投影法画出的图形通称为视图。

图4-3 正投影图

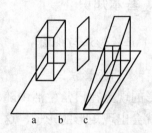

图4-4 平面的一面投影图

4. 物体的三面视图

建筑工程图不像美术画图那样直观形象，但究竟怎样把一个实物用图纸表现出来呢？一般认为一个实物要反映到图纸上去，需由3个投影平面图组成。即平面图（俯视图）、正面图（主视图）、侧视图（左视图）。这3个视图是将物体放在如图4-5所示的3个互相垂直的投影面内进行投影得到的。所谓俯视图是从物体上方向下观看的水平面投影，主视图是从物体前方向正面观看的投影，左视图是从物体左方向侧面进行投影。为了把三视图画在同一个平面上，规定正面不动，水平面向下，侧面向右分别旋转与正面处于同一个平面，再去掉投影面边框，就得到同一平面的三视图（图4-5）。除上述三个平面图外，为了看清物体内部结构，用剖切平面的方法将物体从适当的地方切开，移去观察者与剖切平面之间的部分，再从正面观察剩余下那部分的投影图像叫剖面图。物体从纵方向切开的剖面图叫纵剖面图，从横方向切开的叫横剖面图，重要部位部分切开的叫局部剖面图。

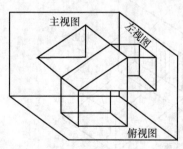

图4-5 正三角块的三视图

5. 视图的投影规律

如果把3个互相垂直的视图展开成一个平面，展开时规定正面不动，水平向下旋转，侧面向后转，如图4-6a，直到展平，如图4-6b，再去掉投影面上的边线，就得到了常见的三视图，如图4-6c。

三视图具有"长对正，高平齐，宽相等"的投影关系。此关系是绘图和识图时应遵循的基本投影规律。

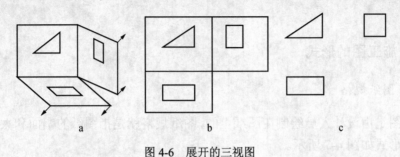

图 4-6　展开的三视图

（二）基本几何体视图

基本几何体，按其表面的几何性质可分为两类：表面都是平面体的，称为平面立体，如棱柱、棱锥等；表面有曲面或都是曲面的，称为曲面立体，如圆柱、圆锥、环等。无论物体的结构怎样复杂，一般都由这些基本几何体组成。

二、工程施工图的种类

（一）总平面图

它是说明建筑物所在地理位置和周围环境的平面图。一般在总平面图上标有建筑物的外形、建筑物周围的地形、原有建筑和道路，还要表示出拟建道路、水、暖、电、通等地下管网和地上管线，还要表示出测绘用的坐标方格网、坐标点位置和拟建建筑的坐标、水准点和等高线、指北针、风玫瑰等。该类图纸一般以"总施××"编号。

（二）建筑施工图

建筑施工图包括建筑物的平面图、立体图、剖面图和建筑详图，用以表示房屋的规模、层数、构造方法和细部做法等，该类图纸一般以"建施××"编号。

（三）建筑结构施工图

建筑结构施工图包括基础剖面图和详图，各楼层和屋面结构的平面图，柱、梁详图和其他结构大详图，用以表示房屋承受荷重的结构构造方法、尺寸、材料和构件的详细构造方式。该类图纸一般以"结施××"编号。

（四）水暖电通施工图

该类图纸包括给水、排水、卫生设备、暖气管道和装置、电气线路和电器安装及通风管道等的平面图、透视图、系统图和安装大详图，用以表示各种管线的走向、规格、材料和做法。该类图纸分别以"水施××"、"电施××"、"暖施××"、"通施××"等编号。

三、施工图的形式

（一）图纸规格

施工图是由设计人员绘制在图纸上的,图纸规格就是指图纸的幅面和大小形式。施工图的形式如图 4-7 所示。

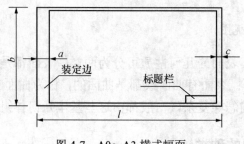

图 4-7　A0～A3 横式幅面

（二）标题栏

标题栏（简称图标）在每张施工图的右下角，应按图 4-8 的图示表示。

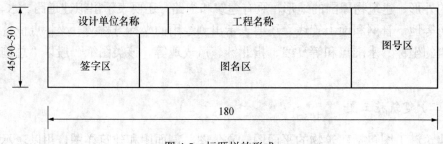

图 4-8　标题栏的形式

（三）常用线性

施工图上的线条有轮廓线、定位轴线、尺寸线、引出线等,这些线条各有其意义。

（四）图例

图例是建筑施工图纸上用来表示一定含义的符号,建筑施工图常用图例见表 4-5。

表 4-5　施工图上常用的图例列表

序号	名　称	图　例	说　明
1	单扇门（包括平开或单面弹簧）		1. 门的名称代号用 M 表示 2. 剖面图上左为外、右为内，平面图上下为外、上为内 3. 立面图上开启方向线交角的一侧为安装合页的一侧，实线为外开，虚线为内开
2	双扇门（包括平开或单面弹簧）		—
3	空门洞		—
4	单层固定窗		1. 窗的名称代号用 C 表示 2. 剖面图上左为外、右为内，平面图上下为外、上为内 3. 立面图的斜线表示窗的开关方向，实线为外开，虚线为内开；开启方向线交角的一侧为安装合页的一侧
5	单层外开平窗		—
6	普通砖		1. 包括砌体、砌砖 2. 断面较窄、不易画出图例时可涂红
7	空心砖		包括各种多孔砖
8	混凝土		1. 适用于能承重的混凝土及钢筋混凝土 2. 包括各种强度等级、骨料的混凝土 3. 在剖面图上画出钢筋时，不画出图例线 4. 断面较窄、不易画出图例时可涂黑
9	钢筋混凝土		1. 适用于能承重的混凝土及钢筋混凝土 2. 包括各种强度等级、骨料的混凝土 3. 在剖面图上画出钢筋时，不画出图例线 4. 断面较窄、不易画出图例时可涂黑
10	烟道		—

序　号	名　　称	图　例	说　　明
11	通风		—
12	孔洞		—
13	坑槽		—
14	墙顶留洞	宽×高或φ	—
15	自然土壤		—
16	夯实土壤		—
17	木材		—
18	砂、灰土		靠近轮廓线，以较密的点表示
19	砂石、碎砖三合土		—
20	毛石		—
21	焦渣、矿渣		包括与水泥、石灰等混合而成的材料
22	多孔材料		包括水泥珍珠岩、沥青珍珠岩、泡沫混凝土、非承重加气混凝土、泡沫塑料、软木等
23	纤维材料		包括麻丝、玻璃棉、矿渣棉、木丝板、纤维板等
24	金属		1. 包括各种金属 2. 图形小时，可涂黑
25	钢筋横断面		—
26	无弯钩的钢筋端部		—
27	带半圆形弯钩的钢筋端部		—
28	带直钩的钢筋端部		—
29	带丝口的钢筋端部		—

续表

序 号	名 称	图 例	说 明
30	无弯钩的钢筋搭接		—
31	带半圆弯钩的钢筋搭接		—
32	带直钩的钢筋搭接		—
33	套管接头		—
34	Ⅰ级钢筋（3号钢）	φ φ	—
35	Ⅱ级钢筋	φ ф	—
36	Ⅲ级钢筋	φ ф	—
37	冷拉Ⅰ级钢筋	φ′ φ′	—

房屋施工图是直接用来指导施工的图样，识读房屋施工图时，首先要熟记施工图中常用的图例、符号、线性、尺寸和比例的意义。还要了解房屋的组成和构造上的一些基本情况。其次要熟悉一套完整施工图纸的编排程序：图纸目录、总说明、总平面图、建筑施工图、结构施工图和设备施工图等。

四、建筑施工图

建筑施工图由总平面图、各层平面图、剖面图、立面图、建筑详图以及必要的说明和门窗细表等组成。

（一）建筑平面图

主要表示建筑物的平面形状、水平方向各部分（房间、走廊、楼梯等）的布置和组合关系、门窗位置、其他建筑构配件的位置以及墙、柱布置和大小等情况。

（二）建筑立面图

主要用来表示建筑物的外貌，并表明外墙装修的要求。

（三）建筑剖面图

主要用来表达建筑物的结构形式、构造、高度、材料及楼层房屋的内部分层情况，如图 4-9 所示。

（四）建筑详图

是建筑细部的施工图，它对房屋的细部或构配件用较大的比例将其形状、大小、材料和做法绘制出来。

图 4-9 建筑剖面图

五、结构施工图

结构施工图主要表达结构设计的内容，用来作为施工放线、挖基槽、支模板、绑扎钢筋、安设预埋件、浇捣混凝土、安装梁、板、柱等构件，以及编制预算和施工组织设计等的依据。结构施工图一般有结构布置图、楼盖结构、屋顶结构、各结构详图、布置图、节点联结以及必要的说明等。

（一）结构平面布置图

表示承重构件的布置、类型和数量或现浇钢筋混凝土板的钢筋配置情况，如图 4-10 所示。

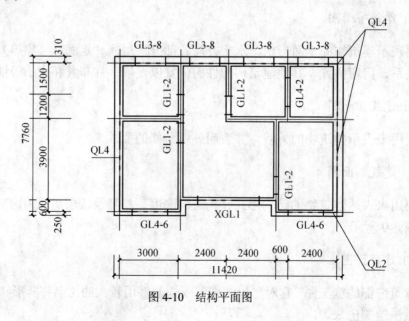

图 4-10 结构平面图

（二）构件详图

可分为配筋图、模板图、预埋件详图及材料用量表等。其中，配筋图包括有立面图、断面图和钢筋详图。钢筋详图中表示了构件内部的钢筋配置、形状、数量和规格，如图 4-11 所示。

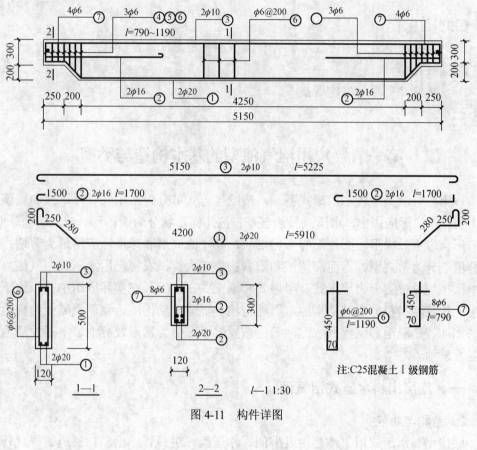

图 4-11　构件详图

思 考 题

1. 修建沼气池的建池材料有哪些种类？各有什么特性？

2. 混凝土由什么材料组成？分为几类？

3. 砂浆由什么材料组成？分为几类？各有什么特性？

4. 影响砂浆的性质因素有哪些？应如何掌握？

5. 沼气池密封材料有几类？各有什么特性？

6. 什么叫投影法和正投影法？各有什么区别？

7. 什么是物体的三视图？各有什么特点？

8. 建筑施工图由哪些图纸组成？

第五章 户用沼气池

第一节 户用沼气池型的基本构造与类型

　　户用沼气池类型较多，形式不一，按贮气方式可分为水压式、浮罩式和气袋式三大类，在实际应用中，水压式最为普遍；按几何形状分为圆筒形、球形、椭球形、长方形、方形、拱形、圆管形等多种形状，其中圆筒形和球形池应用最为普遍；按发酵机制分为常规型、污泥滞留型和附着膜型三大类，农村户用水压式沼气池为常规型；按埋设位置分为地下式、半埋式和地上式三大类，在实际应用中，以地下式为主；按建池材料分为砖结构池、石结构池、混凝土结构池、钢筋混凝土结构池、玻璃钢池、塑料池和钢丝网水泥池等；按发酵温度分为常温发酵池、中温发酵池和高温发酵池。

一、底层出料水压式沼气池

1. 结构与功能

　　底层出料水压式沼气池是由发酵间、水压间、进料管、出料口通道、导气管等部分组成（图5-1）。

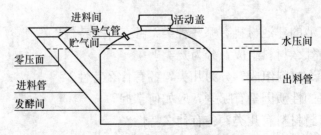

图5-1　底层出料水压式沼气池

（1）发酵间（其中装料液面以上部分为贮气间）
发酵间是沼气池的主池，其功能是发酵原料，贮存沼气。

（2）出料间和水压间

出料间在发酵间的右侧，水压间是出料间通道口顶端以上部分。功能是出料，维持正常气压，它的容积是沼气池24小时产气的1/2。

（3）进料口、进料管

进料口设在畜、禽舍地面上，由地下进料管与沼气池相连。功能是收集人畜粪便、污水进入沼气池。注意：进料口、池拱盖、出料间的中心点连线必须大于120°，不能等于90°，防止流体短路。

（4）出料口通道

出料口通道为发酵间至出料间之间的一段距离[24厘米+（10～18厘米）]。其功能为连接发酵间与水压间。

（5）导气管

位于池拱盖顶端中心。其功能为将沼气从贮气间输送到输气管，沼气再通过输气管供炊事和照明使用。

2. 工作原理

当沼气池内发酵产生沼气逐步增多时，贮气箱内的压力相应增高，不断增高的气压将发酵间内的料液压到出料间，此时出料间液面和池面液面形成压力差。当用户用气时，沼气在水压下通过输气管输出，池内气压下降，水压间内的料液重新返回池内，以维持池内外压力新的平衡。这样不断地产气和用气，使发酵间和出料间的液面不断地升降，始终维持压力平衡的状态（图5-2）。

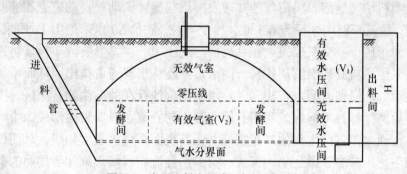

图 5-2　底层出料水压式沼气池原理图

二、旋流布料沼气池

1. 结构

旋流布料自动循环沼气池由进料口、进料管、发酵间、贮气室、活动盖、水压酸化间、旋流布料墙、单向阀、抽渣管、活塞、导气管、出料通道等部分组成，如图5-3所示。根据料液循环方式的不同，分为旋流布料自动循环沼气池和旋流布料强制循环沼气池。

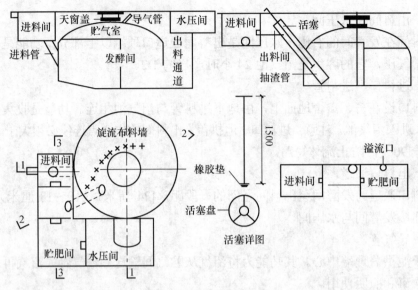

图 5-3　旋流布料强制循环沼气池示意图

2. 功能与原理

旋流布料沼气池是针对常规水压式沼气池清渣出料困难、产气率低和管理不便等问题，利用沼气产气动力和动态连续发酵工艺，将菌种回流、自动破壳与清渣、微生物富集增殖、消除发酵盲区和料液"短路"等技术组装配套，实现高效运行的一种新的沼气池型。

旋流布料墙是旋流布料沼气池实现发酵原料旋转流动、自动破壳和滞留菌种的重要装置。旋流布料墙半径为 6/5 池体净空半径，底部 50 厘米处用 12 厘米砖砌筑，顶部用 6 厘米砖十字交叉砌筑。在螺旋面池底上用一圆弧形旋流布料墙将进、出料隔断，使入池原料必须沿圆周旋转一圈后，才能从出料通道排出，从而增加了料液在池内的流程和滞留时间，解决了常规水压沼气池存在的微生物贫乏区、发酵盲区和料液"短路"等技术问题。利用孔隙率较高的旋流布料墙表面形成微生物生长繁殖的载体，通过沼气微生物的富集繁殖，在其表面形成厌氧生物膜，从而保留了高活性的微生物，减少了微生物的流失。圆弧形旋流布料墙顶部和各层面的破壳齿在沼气池产气用气时，使可能形成的结壳自动破除、浸润，充分发酵产气。

清渣和回流搅拌装置由抽渣管和抽渣活塞构成，是抽取发酵间底部沉渣和人工强制回流搅拌的重要装置，抽渣管一般选用内径 10 厘米的厚壁 PVC 管或陶瓷管，采用直插或斜插方式直接和发酵间连通，下部距池底 20～30 厘米，上部距地面 5～10 厘米，应特别注意抽渣管与池体连接处的密封处理，确保此处不漏水、不漏气。

旋流布料自动循环高效沼气池与旧沼气池相比，它有以下特点：

（1）自动循环。有机质原料，包括人、畜粪便及农业废弃物经过料口进入沼气池在循环墙的作用下，料液自动流入水压间（在进料口同一方向），产气时，迫使沼液从水压间流入酸化池；用气时，因沼气池气压降低，料液又从酸化池流入进料口，实现了料液自动循环。

（2）强制搅拌。在新型沼气池水压间增设 ϕ110PVC 抽料管，在抽料活塞的作用下，将沼渣沼液抽进酸化池，再流入进料间，实现了强制回流和搅拌。

（3）自动破壳。在新型沼气池内设置了齿形破壳墙（又叫循环墙），通过产气（料液下降）和用气（料液上升）过程，使料液在沼气池内上下波动，达到自动破壳的目的。旧沼气池结壳严重，易形成有气出不来的现象，即老百姓说"头年有气，二年没气，三年沤气"。

（4）产气率高，周年使用。由于旋流布型沼气池设计合理。

第一，料液在沼气池的滞留时间和路程增加，使料液发酵充分。

第二，原料负荷率高，进料充足，达到满负荷发酵。

第三，消除了旧池所形成的发酵盲区，使有效发酵空间增大。

第四，沼气微生物附着区域增大，既附着于沼气池池墙周围，又附着在循环墙两侧，极大地提高了产气率，相当于旧沼气池的 2 倍，能达到周年使用。

（5）出料容易，管理方便。旧沼气池由于设计上不合理，造成出料难，劳动强度大，而且在出料过程中常发生安全事故，管理也非常不便，最终导致沼气池闲置。而新型沼气池，是通过抽渣装置将沼渣沼液抽出，既安全，劳动强度又小。

3. 工艺流程特点

旋流布料自动循环沼气池工艺流程如图 5-4 所示。其工艺特点如下。

（1）通过螺旋形池底和圆弧形布料墙的合理布局及配合，消除了料液短路、发酵盲区和微生物贫乏区，延长了原料在发酵间中的滞留路程和滞留时间。

（2）通过圆弧形布料墙表面的微生物附着膜技术，固定和富集高活性厌氧微生物，避免了微生物随出料流失。

（3）应用厌氧消化的产气动力和料液自动循环技术，实现了自动搅拌、循环、破壳等动态连续发酵过程，减轻了人工管理的强度。

（4）通过出料搅拌器和料液回流系统，达到人工强制回流搅拌和清渣出料的目的，从而实现轻松管理和永续利用的目标。

图 5-4　旋流布料沼气池工艺流程

三、曲流布料沼气池

1. 主要结构特点

曲流布料沼气池是在"圆、小、浅"圆筒形沼气池的基础上，经过优化而设计出的较为先进的沼气池。池子的发酵间内设置布料板，原料进入池内由布料板进行布料，形成多路曲流，增加原料的扩散面，充分发挥池容负载能力，提高池容产气率。曲流布料沼气池有 A、B、C 等系列池型（见《户用沼气池标准图集》GB/T4750—2002）。由原料预处理池、进料口、进料管、布料板、塞流板、多功能活动盖、破壳输气吊笼、出料口、出料管、水压间、强回流装置、导气管、溢流口等部分组成。

　　A 型池结构示意如图 5-5 所示，池底由进料口向出料口倾斜，池底部最低点设在出料间底部。在 5°倾斜扇形池底的作用下，形成一定的流动推力，利用流动推力形成扇形布料，实现发酵池进料和出料自流，可以不必打开活动盖从出料间全部取出料液，方便出料，适用于一般农户。

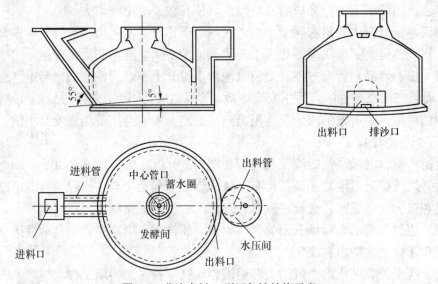

图 5-5　曲流布料 A 型沼气池结构示意

　　B 型池如图 5-6 所示，设有中心进出料管和塞流板。中心管有利于从主池中心部位抽出或加入原料；塞流板有利于控制原料在池底的流速和滞留时间，同时起固菌的作用。

　　C 型池设置中心破壳输气吊笼和原料预处理池，能提高池子的负荷能力。

　　B 型和 C 型池适用于条件较好的养殖专业户、烤酒户或有环保要求的用户。

　　2．工艺特点

　　（1）发酵原料主要为人粪便、畜禽粪便。采用秸秆类原料时，需进预处理池。

　　（2）采用连续、半连续发酵，发酵稳定，产气率较高，能耗低。

　　（3）管理简单方便，容易操作。

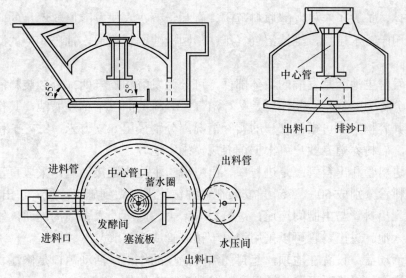

图 5-6　曲流布料 B 型沼气池结构示意图

四、强回流沼气池

1. 结构与功能

南方"猪沼果"能源生态模式，配套采用强回流式沼气池。该池型是在国家标准的基础上，改进设计的一种小型高效沼气池，其结构由水压酸化池（草池）、发酵主池（粪池）、贮气箱、进料管、活动盖、回流冲刷管、限压回流管、贮水圈、导气管、出肥间、回流搅拌器组成图 5-7。

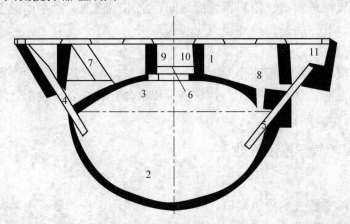

图 5-7　强回流沼气池结构示意图

1—水压酸化池；2—发酵主池；3—贮气箱；4—进料管；5—出料管；6—活动盖；7—回流冲刷管；
8—限压回流管；9—贮水圈；10—导气管；11—出肥间

（1）水压酸化池：为顶置式半环形成或长方形设置，体积 2～2.5 立方米。它是草料发酵间，酸化液和发酵液通过限压回流管循环回流，使池体兼好氧、厌氧发酵工艺于一体，扩大了农村发酵原料范围，有利于解决农村发酵原料不足的问题。同时，它也用于贮水压气，维持沼气气压；与回流冲刷管连通，抽出其中的清沼液冲洗厕所。

（2）发酵主池：是发酵的主体部件，可分为发酵和贮气两部分。装料液面以上的空间部分称为贮气箱，其作用是贮存沼气。装料液面以下称发酵池，其作用是装料发酵。其容积大小可根据农户的实际情况，分别采用 6 立方米、8 立方米、10 立方米池容。农村养殖专业户可根据饲养规模确定池容。

（3）进料管和出料管：是进料口、出料口与主池的连接通道。采取直管斜插方式，进出料管分别成 60°、75° 角安装在对称位置上，做到施工方便、进出料顺畅、搅拌方便。出料管与出肥间连通，进料口与猪舍、厕所的人畜粪沟连通，做到发酵料液自流入池。进出料管可以采用混凝土预制管或 PVC 管。

（4）活动盖：设置在池顶，起封闭活动盖口的作用。活动盖口是修池、建池和清渣时的通道，操作时可采光通风和排除残存有害气体。

（5）回流冲刷管：在靠近厕所的水压酸化池处安装。一端安装单向阀门，紧靠水压酸化池底部，另一端与厕所的粪槽或大便器连通，以抽取水压酸化池清液冲洗厕所，改传统旱厕为水冲厕所。

（6）贮水圈：设置在池顶活动盖外圈，圈内贮水以使活动盖密封胶泥处于潮湿状态，以保持密封性能。

（7）回流搅拌器：是用 $\phi 10 \sim \phi 12$ 毫米钢筋和胶皮制成的活塞，其作用是在出料管和回流冲刷管内抽取沼液或沼渣，达到出料搅拌、回流冲刷的目的。

此外，沼气池进料口、出料口、出肥间、水压酸化池、贮水圈的盖板，也是必不可少的部件，其作用是保持环境卫生和人畜安全。

2. 工艺流程

强回流沼气池将水压箱改为顶置式半环形或长方形水压酸化池，实行粪草两相分离和连续式发酵，增设出料管，并与厕所和猪舍有机结合，使沼气的发酵原料分解率、利用率得到提高。

五、分离贮气浮罩沼气池

1. 构造

分离贮气浮罩沼气池由进料口、进料管、厌氧池、溢流管、出料搅拌管、污泥回流沟、排渣沟、贮肥池、浮罩、水封池等部分组成，见图 5-8。

（1）厌氧发酵池：厌氧发酵池是分离贮气浮罩沼气池的主件，可分为两种类型：一种是在厌氧池中放入生物填料，另一种是不放生物填料。其他结构与一般水压式沼气池基本相同，不同的是进出料装置有所改变。厌氧池底呈锅铲形（竖向剖面），坡向出料装置。为了支撑生物填料，沿池壁设 2～4 层支墩，每层均布 4 个，层间距离应高出所夹生物填料厚度的 30～150 毫米，底层支墩距池底图应大于 300 毫米。

支墩与池身浇筑在一起，可用红砖预埋。生物填料可用竹枝（去叶或称竹尾）、竹球等。填料要求孔隙率大（90%以上），不易堵塞，具有一定硬度。填料应上部密、下部疏，共设2～3层，每层厚150～300毫米。

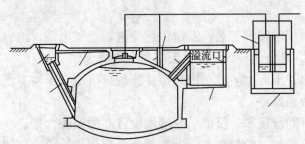

图5-8　分离贮气浮罩沼气池结构示意图

（2）进出料系统：进料管采用直管斜插方式，从底部进料，管径为200～300毫米。溢流管安装在厌氧池的顶部，采用直管斜插，插入发酵液内的深度必须大于池内最大气压时液面的下降值，其管径为80～150毫米。发酵液一般由溢流管自流排出，只是在厌氧池底部沉渣过多时，使用出料装置出料。出料装置采用提搅式出料器或底部闸阀，具有结构简单、出料容易，并兼有轻微搅拌的作用。出料装置安装在紧靠池壁的池底最低处，排出的料液大部分排入贮肥池，少部分做污泥回流，排入进料管。出料装置直径一般为100～150毫米。提搅器是由一根插入池底上面露出地面的混凝土套筒、活塞、出料活门组成的，扬程可达2米以上，每分钟可出沉渣60千克左右。一个8立方米的沼气池，只需2～3小时就可以把沉渣和沼液抽出来，出净率在80%以上。

（3）贮气装置：贮气浮罩用输气管与发酵池和燃气具连接，主要作用是贮存沼气，稳定气压，增加发酵池有效容积。水封池为贮气浮罩的水封装置。浮罩为分离式，可采用水泥砂浆、GBC材料、红泥塑料等价格便宜、密封性能好、经久耐用的材料制作。厌氧池的沼液也可通过溢流管排入浮罩水封池，作二级厌氧发酵。水封池的沼渣、沼液流入贮肥池。贮肥池的大小根据用户要求确定。

（4）污泥回流和贮肥池：污泥回流沟设置在发酵池顶部，与进料口和出料搅拌器连接。作用是把从池内底部抽出的含菌种较多的污泥，回流到进料口进入池内进行搅拌，使菌种和新鲜原料混合均匀。排渣沟设在发酵池顶部，与出料搅拌器和贮肥池连接。发酵池排渣时，把渣液导向储肥池。贮肥池与溢流管及排渣沟连接，主要用于贮存每天从溢流管排出的料液和从发酵池底部抽出的渣液。贮肥池的容积一般在1立方米左右，其结构形式可根据场地大小自己确定，圆形、方形均可。

2. 工艺流程

分离贮气浮罩沼气池发酵工艺是根据沼气发酵的原理，使沼气池内尽量保留较多的活性高的微生物，并使之分布均匀与发酵原料充分接触，以提高其消化能力。

发酵原料为畜禽粪便，从上流式厌氧池底部进料，经发酵产气后，沼液从上部通过溢流管溢流入贮肥池。沼渣通过设置在其底部的提搅器或闸阀排入贮肥池，部分回流入进料管，起到搅拌和污泥菌种回流的作用，加快发酵原料的分解，所产沼气贮存在浮罩内，供用户使用。

3. 工艺特点

（1）采用厌氧接触发酵工艺，发酵工艺先进，产气率高，池容产气率平均可达0.15～0.3立方米/（立方米·天），可保证用户全年稳定供气。

（2）采用溢流管溢流上清液，出料搅拌器抽排沉渣，出料方便，不需每年大出料，运行和产气效果好。

（3）采用菌种回流技术，保证了发酵池内较高的菌种含量。

（4）采用浮罩贮气，贮气量大，发酵池有效容积高达总容积的95%～98%；气压稳定，能满足电子打火沼气灶、沼气热水器等用气的压力要求；池内压力小，发酵池使用寿命长。

六、商品化沼气池

（一）玻璃钢沼气池

1. 构造

将球体或扁球体沼气池分割成上、下半球体，用玻璃纤维布和聚酯不饱和树脂等组成的玻璃钢材料，按设计的商品化沼气池部件模具分别加工玻璃钢沼气池结构部件，通过树脂黏结和螺栓密封垫连接的方式，将部件组装在一起，即构成玻璃钢商品化沼气池。

2. 特点

（1）玻璃钢材料强度高、性能稳定、可靠，使用寿命不低于20年。

（2）玻璃钢户用沼气池重量轻，运输方便，节省大量劳力。

（3）商品化程度高，工厂进行标准化生产，安装方便，建设周期短。

（4）密封性能好，沼气中甲烷含量高。

（5）技术含量高，管理使用方便。

（二）塑料沼气池

1. 构造

将获国家专利申请号（200420033391.9）的扁球形沼气池（图5-9）分割成若干个池体结构单元，用压模成型机将改性工程塑料压制成池体结构单元，通过塑料焊接技术（专利申请号：200420033585.9），将池体结构单元焊接起来（图5-10），即构成整体塑料沼气池。

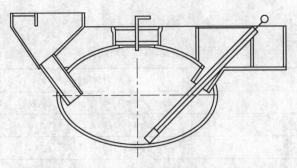

图 5-9 扁球形沼气池

图 5-10 池体结构单元

2. 特点

（1）改性工程塑料强度完全能够承受户用水压式沼气池最大气压下的运行荷载。

（2）池型结构合理，埋置深度浅，发酵面积大，抽料、搅拌装置与主发酵池体合理组合，保证沼气池长期运行不会因料液沉淀产生堵塞。

（3）重量轻，造价低，便于运输，组合安装方便。

（4）进、出料口设计有利于建设"三结合"户用沼气系统，管理使用方便。

第二节 户用沼气池建造技术

一、备料与质量要求

（一）建池材料

户用沼气池建池容积大多为 8～10 立方米，施工前应对用料量进行初步估算，以免备料过多或过少，造成浪费或停工待料。用砖混组合建池法修建一口 8 立方米的用沼气池，实际用料量为：425 号普通硅酸盐水泥 800 千克，沙 2 立方米，石子 1.5 立方米，机砖 1 300 块，内径 30 厘米水泥管 1 米，直径 6 毫米钢筋 5 千克左右。如遇到池坑浸水量大或土质松软的地方，建材用量应增加 10%～20%。其他容积沼气池备料量见表 5-1。

表 5-1　砖混结构沼气池材料用量参考表

容积（立方米）	材料用量			
	水泥（千克）	砂（立方米）	石子（立方米）	砖（块）
6	629	1.13	1.25	1100
8	771	1.37	1.54	1300
10	891	1.58	1.71	1500

我国幅员辽阔，气候、地质等自然条件相差很大，资源各异。因此，在选用建池材料时必须遵循以下原则：因地制宜，就地取材，减少运输，降低造价；变废为宝，物尽其用，符合设计要求；胶凝材料必须是水硬性的。

（二）施工工具

建造户用沼气池时常用的施工工具有卷尺、麻绳、抹子（包括圆头抹子、尖头抹子、平头抹子）、瓦刀、铲子灰板、刷子及站人用木板或竹排等。

二、定位与放线

（一）定位

按照"方便生活、有利生产、美化环境"和沼气池、厕所、畜禽舍"三结合"的原则，尽可能将沼气池建于畜禽舍下面。庭院内沼气池、圈舍、厕所平面定位如图 5-11 所示。

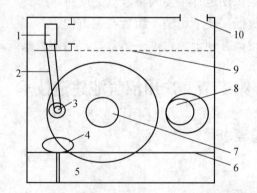

图 5-11　庭院内沼气池、圈舍、厕所平面定位图

1—厕所；2—进料口暗道；3—进料口；4—集水槽；5—集水槽通道；6—前护栏；7—沼气池；
8—出料口；9—后护栏；10—门

新建房可根据自身实际，将沼气池与房子建设同时设计，同时施工。改建的农房厨房、厕所、浴室、畜禽舍要用墙体进行隔离，使其功能相对独立，位置相对分开。其中，厕所、畜禽舍的粪便污水应通过地下管道联通进入沼气池；浴室的污水不能进入沼气池，应专设管道排放于室外。不能将沼气池建在道路上、厨房内、低洼地带以及远离厕所、畜禽舍的地方。沼渣、沼液要得到充分利用，禁止随意乱拨、乱倒，以免形成二次污染。

（二）放线

在选定的池坑区域内，先平整好场地，确定主池中心位置，根据设计图样在地面上画进料口平面、发酵池平面、水压间平面三者的外框灰线。同时在尺寸线外0.8米左右处打下4根定位木桩，分别钉上钉子以便牵线，两线的交点便是圆筒形水压式发酵池的中心点。定位桩须钉牢不动，并采取保护措施。在灰线外适当位置应牢固地打入标高基准桩，在其上确定基准点，如图5-12所示。

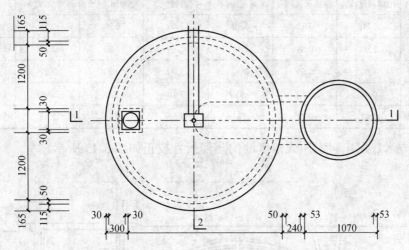

图5-12　8立方米底层出料水压式沼气池施工放线平面图（单位：毫米）

三、土方工程

（一）挖坑

1. 池坑开挖

根据池址的地质水文情况，决定直壁开挖还是放坡开挖池坑。可以进行直壁开挖的池坑应尽量利用土壁胎模。圆筒形池圈梁以上部位按放坡开挖池坑，圈梁以下部位按模具成型的要求（直壁）进行开挖。水压间口顶高出自然地面10厘米。

主池的放样、取土尺寸，按下列公式计算：

主池取土直径=池身净空直径+池墙厚度×2

主池取土深度=拱顶厚度+拱顶矢高+池墙高度+池底矢高+池底厚度

为了施工安全和方便，拱顶部位必须留"操作线"宽度，两边各宽250毫米。开挖池坑时，不要翻动原土，池壁要挖得圆整，边挖边修，可利用主池半径尺随时检查，挖出的土应堆放在离池坑远一点的地方，禁止在池坑附近堆放重物，以免塌方。如遇地下水，则需采取排水措施，并尽量快挖快建。进料管、水压间、出料口、出料器或闸阀式出料装置的闸门口、排料管，应根据设计图样的几何尺寸放样开挖，特别注意水压间的深度应与主池的零压水位线持平。

2. 池坑校正

开挖圆筒形池，取土直径一定要等于放样尺寸，宁小勿大。在开挖池坑的过程中，要用放样尺寸校正池坑。边开坑，边校正。池坑挖好后，在池底中心直立中心杆及活动轮杆，校正池体各部弧度。底层出料水压式沼气池不同池容设计的主要几何尺寸详见表5-2。

表 5-2　底层出料水压式沼气池不同池容设计的主要几何尺寸

容积(立方米)	池墙高度(米)	池盖矢高(米)	池底矢高(米)	内直径(米)	池顶覆土(米)	参考坑深(米)	备注
6	1.00	0.48	0.30	2.40	0.30	2.08	—
8	1.00	0.54	0.34	2.70	0.30	2.18	—
10	1.00	0.60	0.37	3.00	0.30	2.27	—
12	0.66	1.55	0.388	3.10	030	2.898	短壁沼气池
20	1.42	0.71	0.45	3.55	0.30	2.88	短壁沼气池

8 立方米底层出料水压式沼气池的几何尺寸校正如图 5-13 所示。

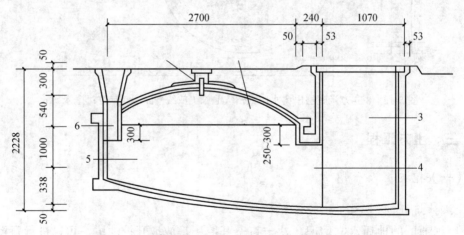

图 5-13　8 立方米底层出料水压式沼气池剖面（单位：毫米）

为了便于安装建池模具或利用砖模浇筑池体，减少材料消耗，池坑要规圆上下垂直。对于土质良好的地区坑壁可直挖，取土时由中间向四周开挖，开挖至坑壁时留有一定余地，池中心固定一木桩，利用池半径加8～10厘米的长度，修整池坑，边挖边修整池坑。

池底由施工人员挖。对于土质松散的地区，地面以下80厘米这段土方应放坡取土，坡度大小视土质松散情况而定，以坑壁不坍塌为原则，同时挖好进出料口坑槽。

（二）特殊地基的处理

1. 回填土地基的处理

如遇到老回填土，若年代已久，土层较实，夯实后即可浇注池底；遇新回填土，地基必须用力夯实后，用 100 号混凝土做 50 毫米厚的垫层，然后才可浇注池底。

2. 半实半虚地基的处理

当土坑模式开挖至预定深度时，如遇一半原土，一半回填土时，必须对回填土部分的地基进行处理，先探明回填土的深度，如回填土不深，可以夯实并铺一层石子做垫层，必要时池底或下半球圈梁还须布钢筋加固。

3. 淤泥、膨胀土、流沙等特殊地基的处理

（1）在湖、河谷地区建造沼气池常常会遇到较深的淤泥层。这种特殊软弱地基必须认真处理。地基承载强度较大的淤泥，可以按池底形状铺一层石子作为垫层，再用 100 号混凝土做 100 毫米厚的垫层。如遇比较稀软和较深厚的淤泥，则应用大块的片石铺一层以压实为准，再用 100 号混凝土做 100～150 毫米厚的垫层。铺设片石和垫层时要按沼气池底的形状和尺寸做好。这种地基只能做短臂圆柱形的沼气池。

（2）如遇膨胀土地基，必须用 100 号混凝土做 100～150 毫米厚的垫层，并在池底或下半球圈梁处布钢筋加固。

（3）如遇流沙且地下水位又较高时，最好采用工厂化生产的质量较好的商品化沼气池。但是，必须先做地基的硬化处理。

4. 地下水的处理

建沼气池常遇到地下水，可采用"排、引、集、堵"的办法处理。

（1）"排"就是排开地表水，抽排地下水。挖池坑时要疏通和排开池坑周围的地表水，这样不致产生积水向池内渗透，并注意在堆积挖出的泥土时不要堵塞周围的排水沟。在挖池过程中随着池坑的加深和地质的不同（如果为回填土、沙土、夹沙土），地下水位高时渗水量会加大，这时可在池坑不远处另掘一个比池坑深的滤水井，使周围的地下水集中渗至滤水井中，再用机械排抽，确保池内的施工作业。

（2）"引"就是收流，"集"就是集中，即把多出渗点的浸水通过引流集中到一处进行处理的一种排水方法。池坑挖好后，从池壁渗水点位置由上向下开一条宽、深约 50 毫米的沟通向池底，在池底与池壁相交处开一个环形沟，再在池底开十字沟与环形沟连接集水。在池底中央挖一长宽 500 毫米、深 500 毫米左右的集水井，使池各处的渗水集中引进井中。施工时，池壁引水沟用干净的中沙填充，外面用竹片、木条或瓦片挡固。同时，全池用塑料膜阻水，坑内的环形沟和十字沟则用干净碎石或卵石填充，集水井留出十字沟的出水口并用砖石砌牢，在建池过程中井内集水水位低于池底。

（3）"堵"是指堵住渗水、漏水，这主要体现在对集水井的处理上。施工前贮备一个无底玻璃瓶，集水井先用沙石垫层，将玻璃瓶瓶口朝上放置在集水井的中心，

与池底混凝土齐平；周围用快干水泥粉反复抹光压实并贴上塑料薄膜。这样，地下水上升时便顺瓶口流入池内，不致胀裂池体各处导致渗水。当池内水位渗至一定高度不再上升时用橡胶塞或软木塞塞住瓶口即可。

四、池体施工

现以底层出料水压式沼气池施工为例介绍砌砖工程的施工。

1. 砌筑出料口通道

为了便于浇筑池墙和水压间施工，首先要用红砖和1∶2.5沙灰砌筑出料口通道。为便于施工出料及检修，其通道口净宽65厘米，顶部起拱，其拱顶宽24厘米，也是主池和水压间的距离，其上口距池上拱角不得小于25～30厘米，防止产气多时水面下返，由此跑气。出料口通道是连接水压间与发酵间的通道，切忌不可加长，否则不但浪费材料，而且给下道工序密封也带来困难。出料口通道示意图如图5-14所示。

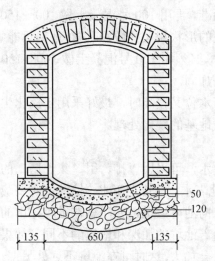

图5-14　出料口通道示意图（单位：厘米）

2. 池墙的浇筑

在农村，建沼气池的钢模、木模较少，多数采用砖模浇筑池墙，用砖模浇筑池墙的施工方法是以挖好的坑壁为外模，内模用砖砌筑而成。

一般砖模砌法是先把砖用水浸湿，目的是防止拆模困难。每块砖横向砌筑，每层砖砖缝错开，不用带泥口或灰口的砖，做到砌一层砖用混凝土浇筑一层，振捣密实后再砌第二层。混凝土配合质量比是水泥∶沙∶碎石为1∶3∶3。要做到边砌、边浇筑、边振捣，中途不停，直到池墙达到1米高度为止。池墙浇筑的厚度为8～10厘米。池墙浇筑要由下而上一次完成。一般施工，上午完成浇筑池墙，下午就可以拆掉砖模，并利用拆除的砖砌筑池盖。

在浇筑池墙的同时，也要浇筑水压间和出料间，其方法是做内模的砖要竖放，其他和浇筑池墙一样操作。

3. 池盖的施工

施工前，要在发酵间内搭好跳板或者用长板凳，以便站人砌筑，另外，在池坑外沿打上 16 根小木桩，每根木桩拴上 2 条麻绳，麻绳长度要大于沼气池的半径，每条麻绳末端拴一块砖。在砌筑池盖前，安装好进料管，一般利用直径 20～30 厘米、长 60 厘米的陶瓷管或水泥管，安装时陶瓷管下端用 40 厘米长的木棒，木棒中间固定一条绳，绳的上端通过陶瓷管内引出并固定在上端的横杆上，使陶瓷管竖直紧紧靠近池墙。管的下端距池墙顶端 30 厘米，然后砌筑池盖把陶瓷管固定好，待池盖完成后要用水泥和细沙比为 1 ∶ 1 的砂灰抹好瓷管与池墙所形成的夹角。安装完进料管后，立即进行池盖的施工。

池盖的施工可以用拆池墙的砖模砌筑。在砌筑时必须选择尺寸整齐、各面平整、无过大翘曲的砖并用水浸湿，保持外湿内干，边浸边用灰砂比为 1 ∶ 2 的细灰砌筑，砌筑时用 1/4 砖（横放的砖）砌池盖，所用的砂浆黏性要好，灰浆必须饱满，灰缝必须均匀错开，砖的下口（内口）互相顶紧，外口微张嵌牢，每砌一块砖，用准备的麻绳挂扶，再砌第二块砖，并把扶绳移到第二块，以此顺序操作下去。每砌完一圈，砖与砖连接处用小块扁石头楔紧砖缝，固定牢靠。

在砌筑过程中，要符合图样所规定的曲率半径尺寸，每砌筑 3 层砖，池盖外壁要用水泥、粗沙比为 1 ∶ 3 的砂灰压实抹光，厚度要达到 2 厘米。边砌边抹，随即围绕池盖均匀地做好 5 厘米厚的回填土，在砌筑中也可用直角卡具固定砖，当砌筑池盖中心收口部位时，应用半截砖砌筑，并把导气管安装在池顶上。

在砌筑池盖收口后，在距池盖中心 0.6 米范围内加固池盖。先在拱顶抹 2 厘米厚的砂灰。砂灰上面用 8 号铁线绑扎成"井"字形，铺在池盖中心并抹灰 3 厘米，加固面积要大于 0.8 立方米，以起到加固池盖的作用。

4. 池底施工

利用混凝土浇筑池底。池盖完工后，马上进行池底浇筑，先用碎石或卵石铺一层池底，用 1 ∶ 4 的水泥砂浆将碎石缝隙灌满，地基好的厚度可为 6 厘米，地下水位高的应为 8～10 厘米，然后再用水泥、沙、碎石比为 1 ∶ 3 ∶ 3 的混凝土浇筑池底，混凝土厚度要在 8 厘米以上。

池底施工时，如果地下水位低，池底干燥，可以放在第四道工序进行，这样做的目的是防止在浇筑池墙、砌筑拱盖时对池底的扰动破坏。如果地下水位高，可以把池底施工放在建池的第一道工序。

5. 密封层施工

混凝土属于多孔性材料，水泥完全水化后，混凝土的空隙为甲烷分子直径的 6～12 倍，甲烷分子又比空气分子的运动速度快好几倍，特别容易出现渗漏。因此，由砖和混凝土组合建造的沼气池，在结构层中还有许多毛细孔，必须在沼气池结构层内壁抹密封材料，才能确保沼气池不漏水、不漏气。

密封层施工前，必须将沼气池内壁的砂浆、灰耳、混凝土毛边等剔除，并用水泥砂灰补好缺损。

沼气池密封层施工有 7 层做法和 3 层做法两种（图 5-15）。贮气箱及池内进料管部位采用 7 层做法，池底、池壁、水压间、出料通道等采用 3 层做法。

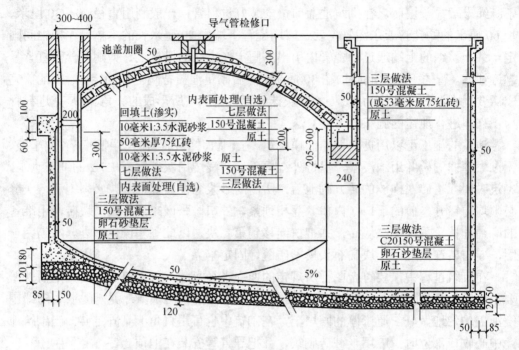

图 5-15　沼气池密封示意图（单位：毫米）

五、沼气池施工后的处理

1. 回填土

池墙砌体和老土间的回填土必须紧实，这是保证沼气池质量的一个重要工序。回填时应注意如下事项。

（1）回填土要有一定的湿度，含水量控制在 20%～25%，简易测试方法是"手捏成团、落地即散"，过干或过湿均难以夯实。

（2）回填应分层、对称、均匀进行，边砌边回填，以每层虚铺 15 厘米，夯到 10 厘米为宜。

（3）拱盖上的回填土，必须待混凝土达到 70% 的设计强度后进行，避免局部冲击荷载。

2. 养护

沼气池建好后要潮湿养护，水泥结构过于干燥，会使毛细孔开放，从而发生沼气池渗漏现象。常用的保湿方法是使池顶覆土经常保持湿润状态。同时要立即装料、装水，不要空池暴晒。

3. 质量检验

为了确保建池质量和使用后正常产气，沼气池建成后、投料前，必须进行严格的质量检验。

（1）直观检查用眼睛直接观察池子内外有无裂纹、孔隙、沙眼、蜂窝麻面；观察进出料管、导气管的接头是否牢固，有无加固处理。

用手指或小木棒轻敲池内各部位，检查池壁有无翘壳，同时还应检查池壁及池底有无渗水的痕迹。

合格的沼气池内表面应没有蜂窝、麻面、裂纹、沙眼和空隙；无渗水痕迹等目视可见的明显缺陷；粉刷层没有空鼓或脱落现象。

（2）漏水检查在直接检查的基础上，向池内灌水，使水位达到水压间出料口出水的位置，待池子吸水湿透后，稳定观察 24 小时。水位若保持不变，说明沼气池不漏水。

（3）气密性检查在漏水检查不出现漏水的情况下，抽掉池内的部分水，使水面下降到进出料管口的位置，密封活动盖板，接上"U"形水柱压力表，再向池内加水，使其压力上升到 80 厘米水银柱，稳压观察 24 小时，见图 5-16。若气压表水银柱差下降在 3%以内时，可确认为抗渗性能符合要求。

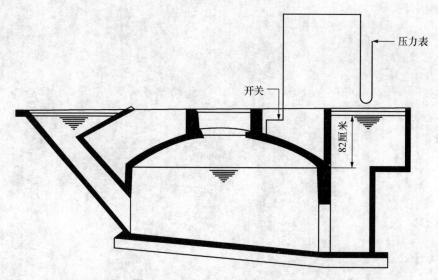

图 5-16 沼气池气密性检查示意图

思 考 题

1. 户用沼气池分为哪些类型？
2. 底层出料水压式沼气池的结构和功能是什么？
3. 旋流布料沼气池由哪些部分组成？各部分起什么作用？
4. 旋流布料沼气池具有哪些功能？各功能通过什么原理实现？
5. 曲流布料沼气池由哪些部分组成？各部分起什么作用？
6. 强回流沼气池由哪些部分组成？各部分起什么作用？
7. 强回流沼气池采用什么工艺流程运行？具有什么工艺特点？
8. 分离贮气浮罩沼气池由哪些部分组成？各部分起什么作用？
9. 分离贮气浮罩沼气池采用什么工艺流程运行？具有什么工艺特点？
10. 玻璃钢沼气池是怎样生产的？它具有什么特点？
11. 塑料沼气池是怎样生产的？它具有什么特点？
12. 户用沼气池建造的流程是什么？

第六章　生活污水净化沼气池

第一节　生活污水净化沼气池原理

我国多数中小城镇及大城市的郊区排水系统及生活污水净化系统不完善，短期内也无力修建污水处理厂。大量生活污水和厕所粪污直接排入天然水系，污染水体，环境卫生恶化。为了加强城市文明建设，美化环境，减少疾病，可采取实施小型分散的城镇生活污水净化沼气工程的方法。此方法能使污水二级处理，出水水质达到国家标准 GB7959—87《粪便无害化卫生标准》及建设部 GJl8—86《污水排入城市下水道的水质标准》。生活污水净化沼气池适合短期内无力修建污水处理厂的城镇或污水处理管网系统尚达不到的地方，该技术已在全国推广应用。

一、原理

（一）合流制工艺

合流制生活污水净化沼气池原理如图 6-1 所示，它是一个集水压式沼气池、厌氧滤及兼性塘于一体的多级折流式消化系统。粪便污水和生活污水经格栅去除粗大固体后，再经沉砂进入前处理区，在这里粪便和污水进行厌氧发酵，并逐步向后流动，生成的污泥及悬浮固体在该区的后半部沉降并沿倾斜的池底滑回前部，再与新进入的粪污混合进行厌氧发酵。清液向后流动进入厌氧滤器部分，在这里附着于填料上生物膜中的细菌将污水进一步进行厌氧消化，再溢流入后处理区。后处理区为三级折流式兼性池，与大气相通，上部装有泡沫过滤板拦截悬浮固体，以提高出水水质。每一级池体的形状，可根据工程地点条件选用圆形、方形或长方形，后处理池内也可适当加入软填料或硬填料,各池体的排列方式可根据地形条件而灵活安排。

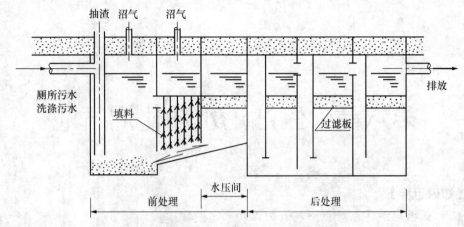

图6-1　合流制生活污水净化沼气池原理图

在前处理区，粪便污水中的有机物在不同种类微生物的作用下，经过液化—酸化—气化等阶段的复杂降解反应，最终生成甲烷和二氧化碳。厌氧条件下粪污中的营养物质，在供给微生物自身生长繁殖，形成新细胞的同时，释放出一定的能量，转变成甲烷和二氧化碳，这是一种优质气体能源——沼气。

在后处理区，污水中的有机物也要经历几个阶段的消化反应，而最终主要生成二氧化碳和水，但好氧条件下有机物的消化还得需要另外供给较多的能量才能繁殖形成新细胞，同时产生的污泥量是厌氧条件下的6~10倍。

由于生活污水的可生化性很好，因此采用厌氧和好氧技术发酵处理污水效果良好，不但不耗能，反而产生能源，污泥与残渣的减量显著。

（二）分流制工艺

分流制生活污水净化沼气工程原理如图6-2所示。

它也是一个集水压式沼气池、厌氧滤器及兼性塘于一体的多级折流式消化系统。

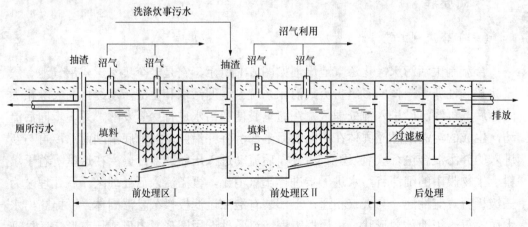

图6-2　分流制生活污水净化沼气工程原理图

粪便经格栅去除粗大固体后，再经沉砂进入前处理区Ⅰ，在这里粪便进行沼气发酵，并逐渐向后流动，生成的污泥及悬浮固体在该区的后半部沉降并沿倾斜的池底滑回前部，再与新进入的粪便混合进行沼气发酵。清液则溢流入前处理区Ⅱ，在这里与粪便以外的其他生活污水混合，进行沼气发酵，并向后流动进入厌氧滤器部分，在这里附着于填料上生物膜中的细菌将污水进一步进行厌氧消化，再溢流入后处理区。前处理区Ⅰ和前处理区Ⅱ都是经过改进的水压式沼气池，后处理区为三级折流式兼性池，与大气相通，上部装有泡沫过滤板拦截悬浮固体，以提高出水水质。每一级池体的形状，可根据工程地点条件选用圆形、方形或长方形，后处理池内也可适当加入软填料或硬填料，各池体的排列方式可根据地形条件而灵活安排。

在前处理区，粪便和生活污水中的有机物在不同种类微生物的作用下，经过液化—酸化—气化等阶段的复杂降解反应，最终生成甲烷和二氧化碳。厌氧条件下粪污中的营养物质，在供给微生物自身生长繁殖，形成新细胞的同时，释放出一定的能量，转变成甲烷和二氧化碳，这是一种优质气体能源——沼气。

在后处理区，污水中的有机物也要经历几个阶段的消化反应，而最终主要生成二氧化碳和水，但好氧条件下有机物的消化还得需要另外供给较多的能量才能繁殖形成新细胞，同时产生的污泥量是厌氧条件下的6～10倍。由于生活污水的可生化性很好，因此采用厌氧和好氧技术发酵处理污水效果良好，不但不耗能，反而产生能源，污泥与残渣的减量显著。

分流制生活污水净化沼气工程具有以下工艺特点：

（1）将生活污水与厕所粪水分别排入厌氧消化池。

（2）两级前处理：一级厌氧消化池 A 专门处理排入的粪便，二级厌氧消化池 B 处理沐浴、洗涤、煮炊等排出的和经 A 池处理后流出的混合污水，这样延长了污水中粪便的处理时间，提高了卫生效果，同时也使其他生活污水得到较好的消化处理。

（3）前处理池结构：两个厌氧池的有效池容约占总有效池容的 50%～70%，而其中 A 池又比 B 池小，两池的几何形状可根据地理位置设计修建，池内有隔墙，以延长污水的滞留期，每池内有深浅不同的底部，利于污泥、沉降的有机物与虫卵回流集中，使其充分降解并消灭虫卵，出水方向有软填料，用其富集厌氧微生物，从而充分降解有机物，促使多产气。同时在出水间还有过滤器，进一步过滤污水中的悬浮物。

（4）后处理主要为兼性消化，是上流式过滤器。通过三级过滤与好氧分解，使污水获得进一步处理，然后排入下水道。

二、工艺参数

生活污水净化沼气池设计依据为每天处理的污水量，污水量按 100 升/（人·天）左右计算，其中冲洗厕所用水量按 20～30 升/（人·天）计算，其他生活污水量为 70～80 升/（人·天）。

生活污泥量取 0.7 升/（人·天），单纯粪便污泥量为 0.4 升/（人·天），每立方米污泥产沼气量为 15 立方米左右。

池容计算公式如下：

$$总池容\qquad V=QTN/1\ 000（立方米）\qquad(6\text{-}1)$$

式中　Q——用水量（升/人·天）；

　　　T——污水滞留期（HRT）（天）；

　　　N——使用人数（人）。

如为公共厕所，其总池容可按每个蹲位 3～4 立方米计算。

污水滞留期为 3 天以上，污泥清掏周期为 365～730 天。

三、工艺结构

生活污水净化沼气池排列方式分为条形、矩形和圆形三种，各工程可根据工程现场地面和地形情况选用不同排列方式。

为了施工方便和有效地收集沼气，有些地方将前处理池设计为与家用永压式沼气池相似的圆形池，后处理仍采用方形或长方形池。池型虽然不同，但其都由以下功能区构成：

（一）预处理区

预处理区包括格栅和沉砂池。格栅主要功能是去除体积较大的渣滓，如布条、动植物大型残体、塑料制品、砖瓦碎片等，格栅间隙 1～3 厘米为宜。沉砂池可去除较小颗粒的渣滓，如砂、炉渣之类。沉砂池为方形、矩形、圆形均可。

（二）前处理区

前处理区的功能是截流粪便，特点是把粪便污水和生活污水中的有机质在该区进行厌氧发酵，延长粪便在装置中的滞留时间。因污水量较多，在该区内挂有填料作为微生物的载体，发挥厌氧接触发酵的优势。由于软纤维填料挂膜后容易结球，使表面积缩小影响处理效果。近年来，国内研究生产了半软性填料，由变性聚乙烯塑料丝制成：为一种具有一定弹性的管刷状填料，使用效果优于各种硬填料和软纤填料，经测定表明，可提高 COD 去除率 10%～25%。

厌氧池的有效池容约占总有效池容的 50%～70%，池的几何形状可根据地理位置设计修建，池内有隔墙，以延长污水的滞留期，池内有深浅不同的底部，利于污泥、沉降的有机物与虫卵回流集中，使其充分降解并消灭虫卵，出水方向有软填料，用其富集厌氧微生物，从而充分降解有机物，促使多产气。同时在出水间还布有过滤器，进一步过滤污水中的悬浮物。

（三）后处理区

后处理区是应用上流式过滤器进行兼性消化，通过三级过滤与好氧分解，使污水获得进一步处理，然后排入下水道。

后处理区各处理池与大气相通，各段间安有聚氨酯泡沫板作过滤层，截流悬浮物，提高出水水质，污水由下向上流过，不淤塞。

四、功能和特性

（一）用途

生活污水净化沼气池是分散处理生活污水的新型构筑物，适用于近期无力修建污水处理厂的城镇，或城镇污水管网以外的单位、办公楼、居民点、旅游景点、住宅、宾馆、学校和公共厕所等。研究表明，冬季地下水温能保持在 5～9℃ 以上的地区，或在池上建日光温室升温可达此温度的地区，均可使用该净化池来处理生活污水和粪便。

生活污水包括厨房炊事用水、沐浴、洗涤用水和冲洗厕所用水，其特点有三：一是冲洗厕所的水中含有粪便，是多种疾病的传染源。二是生活污水浓度低，其中干物质浓度为 1%～3%，COD 浓度仅为 500～1000 毫克/升。三是生活污水的可降解性较好，BOD/COD 为 0.5～0.6，适用于厌氧消化处理并制取沼气。

（二）功能

生活污水净化沼气池是根据生活污水的上述特点，把污水厌氧消化、沉淀、过滤等处理技术融于一体而设计的处理装置，生活污水净化沼气池的性能明显优于通常使用的标准化粪池，在全国已修建 11 万多处。经处理的出水水质要求：粪大肠菌群值 $\geqslant 10^{-4}$，寄生虫卵数 0～5 个/升，BOD<60 毫克/升，COD<150 毫克/升，SS<60 毫克/升，色度<100，pH6～9。经调查，处理后的生活污水水质 BOD50 毫克/升，粪大肠菌群值>10^{-4}，寄生虫卵数 0.565～1.074 个/升，均达到国家标准所规定的粪便无害化标准，并且净化沼气池的出水中无蚊蝇孳生。每 10～12 户家庭的生活污水所产生的沼气，可供一户用作炊事燃料。

城镇生活污水净化沼气工程是就地就近将污水进行处理，使之达到国家二级污水处理的标准，既提高了人们居住环境的卫生质量，又减少对环境的污染，保护了生态，同时还能获得少量的优质气体能源。其功能与效果见表6-1。

表 6-1 标准化粪池与净化沼气工程处理效果比较

项 目	标准化粪池	净化沼气池
发酵方式	好氧与兼性发酵，以酸性阶段为主	厌氧发酵，生产沼气
污泥减量效果	差	显著
SS 外溢	大量	无
BOD 降解率	约20%	90%以上
COD 降解率	约20%	85%以上
寄生虫卵死亡率	最多约50%	95%以上
蛔虫卵死亡率	<20%	95%以上
粪大肠菌值	$<10^{-5}$	$>10^{-4}$
蝇蛆	有	无
沼气	无	有、能利用
臭气	有	无
装置渗漏	一般均有	不能有
污水滞留期	<1 天	3～5 天
pH	酸性	6.5～7.5（中性）
色度	淡黄	微黄或略灰
池容	小	大
造价	较低	较高
正常清掏时间	一年数次	1～2 年一次
使用年限	很短	基本长期

（三）特点

生活污水净化沼气池是将分散的生活污水在源头将其处理，改善了居住条件，保护了环境卫生，美化了城市。同时经处理的污水，可直接用于农田灌溉或排入江河水域中，减轻了水体富营养化，有利于保护水源清洁等，具有良好的环保效果。

用这种方法来处理城镇生活污水，投资少，资金分散，不用国家专门投资，见效快。由于经过厌氧处理，使得污泥量减少95%，清运污泥量随之减少，缓解城市目前运粪难的矛盾。

第二节 生活污水净化沼气池施工

生活污水净化沼气池是主体建筑物的局部污水处理构筑物，是市政排水系统的组成部分。生活污水净化沼气池的施工必须严格遵循国家相关规范，接受当地建设行政主管部门和工程质量检定部门的管理，按照国家建设工程项目管理的程序和要求进行施工。

一、施工前期准备

（一）熟悉工程图纸

生活污水净化沼气池的施工依据是施工图纸，施工技术人员必须在施工前，熟悉施工图中各项设计的技术要求，了解掌握工艺流程及装置各部位的功能特点。

（二）标高衔接

按照项目建设排水总图标定的生活污水净化沼气池的位置及进出口标高，现场确定生活污水净化沼气池的平面布置，做好净化沼气池进出口与主题建筑物排水管系和市政排水管网的标高衔接（图 6-3）。尤其要对净化沼气池的出口标高与市政管网污水接入井的标高进行复核，确保经处理后的污水能通畅地排入市政污水管网。标高复核是一项重要的前期准备工作，是净化沼气池池体埋置深度和土方开挖的依据。标高一旦出现差错，将导致整个排水系统瘫痪，后果难以弥补。

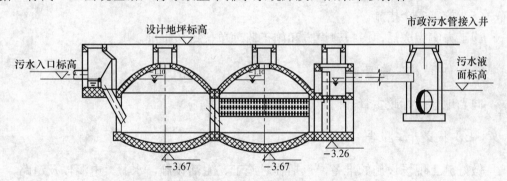

图 6-3 生活污水净化沼气池施工标高衔接

（三）确定基础土方开挖方案

摸清土方开挖线内地下管线的分布情况，了解掌握净化沼气池基础与相邻建筑物基础以及地下管线在间距、标高上的相互关系，按照规范的要求，初步确定净化沼气池的基础开挖位置和土方开挖方案。

（四）图纸会审

图纸会审一般先由设计人员对设计图纸中的技术要求和有关问题进行介绍和交底，对于各方提出的问题，经充分协商后将意见形成图纸会审纪要，由建设单位正式行文并由参加会议各单位加盖公章，作为与设计图纸同时使用的技术文件。

作为净化沼气池的施工人员，在图纸会审时应注意以下几点：

（1）将现场掌握的净化沼气池进出口连接点与市政污水管网接入点的标高复核

情况做出说明，如有问题及时提交会议审议。

（2）当净化沼气池埋置位置与地下管线、相邻建筑物的基础在间距、标高上发生冲突时，应提交会议审议。

（3）对熟悉图纸过程中不明确或有疑问处，请设计人员解释清楚。

（4）对图纸中的其他问题，提出合理化建议。

（五）提交施工方案

根据现场情况、设计要求以及工程施工合同的约定，向建设方和施工监理单位提交施工组织设计或施工方案。由于净化沼气池为单项工程构筑物，一般情况下，可用施工方案代替施工组织设计。施工方案应包括以下主要内容：

（1）工程概况。

（2）主要施工技术、组织措施（可分为基础、主体、表面处理、设备器材安装等部分）。

（3）施工进度计划。

（4）施工平面布置。

（5）施工安全措施。

施工方案完成后，应报建设方和施工监理单位审核批准。

（六）申请施工许可证

向当地建设行政主管部门申请《施工许可证》。

（七）提交开工报告

做好施工现场设施的准备，包括临时施工、生活设施，水源、电源以及道路、安全防火设施。完成上述准备工作后，建设方提交开工报告，待批准后方可进场施工。

二、池型和施工

（一）池型

在生活污水净化沼气池标准图集中，所有各级净化池均为方形或长方形，其排列方式分为条形、矩形和圆形三种，各工程可根据工程现场地面和地形情况选用不同排列方式。

为了施工方便和有效的收集沼气，有些地方将前处理池设计为与家用水压式沼气池相似的圆形池，后处理仍采用方形或长方形池。

（二）施工要点

生活污水净化沼气池的选址应尽量靠近污水来源，避开车道与燃气管道，同时还要考虑运行后便于管理和清淘污泥。

生活污水净化沼气池的施工和验收标准，应参照家用沼气池的有关标准进行。池墙多采用砖结构，池底和顶盖采用混凝土结构。沼气池的内密封应严格按照家用沼气池内密封的标准进行。

在生活污水净化沼气池中，规定安装填料的部位一定要安装填料，为沼气发酵微生物提供足够的附着表面，以提高污水的净化效果。关于填料的种类，以前多采用软纤维填料和聚氨酯泡沫板。观察研究表明，软纤维填料在附着生长大量微生物后，容易形成结球，从而大大降低了污水与微生物接触的表面积，使污水净化效果变差。后处理池中安装的聚氨酯泡沫板，开始阶段其阻挡悬浮颗粒物的效果较好，但易发生堵塞。近年来多采用半软性填料或弹性纤维填料。既给沼气池发酵微生物提供了较大的表面积，又可有效地防止结球和堵塞，从而保证生活污水的处理效果。

思　考　题

1. 分流制生活污水净化沼气池的原理是怎样的？
2. 合流制生活污水净化沼气池的原理是怎样的？
3. 生活污水净化沼气池的工艺参数如何计算？
4. 生活污水净化沼气池由哪些部分构成？各部分有什么作用？
5. 生活污水净化沼气池施工分为哪些工序？各工序应掌握什么技术要点？

第七章　沼气池现场施工

第一节　砖混组合沼气池

砖混组合沼气池施工准备包括选址、选型、定容、放线、挖坑、校正等工序。

一、选址

1. "三结合"建池

兴建农村户用沼气池应与农户庭院设施建设统一规划，在建造沼气池的同时，同步建设或改建畜禽舍、卫生厕所和厨房。在沼气池与猪圈、厕所"三结合"（图7-1）的前提下，做到住房、猪栏、厕所、沼气池等科学规划，合理布局。先建沼气池，后建猪圈和厕所，使人畜粪便随时流入沼气池，以达到连续进料和冬季保温的目的，有利于消灭蚊蝇，改善农村的环境卫生，减少疾病的发生。

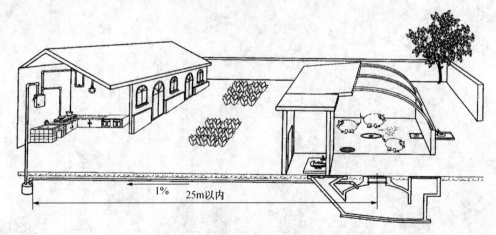

图 7-1　三结合庭院沼气系统示意图

2. 背风向阳

农村"三结合"庭院沼气设施与厨房的距离一般在 25 米以内为宜，建池地点尽量选择在背风向阳、土质坚实、地下水位低、出料方便和周围没有遮阳建筑物的地方，尽量远离树木和公路。北纬 38°～40° 地区坐北朝南；北纬 38° 以南地区，方位角可以偏东南 5°～10°；北纬 40° 以北地区，可偏西南 5°～10°。不要在低洼、不易排水的地方建池。

3. 远离大树和公路建池

要尽量避开竹林和树林，开挖池坑时，遇到竹根和树根要切断，在切口处涂上废柴油或石灰使其停止生长以至腐烂，以防树根、竹根破坏池体。

4. 注意事项

在规划庭院沼气系统时，沼气池应建在畜禽舍下面，水压间南方可放在畜禽舍外，北方宜放在畜禽舍内，但出料间和贮存肥间必须放在畜禽舍外，以便日常管理。地上部分的畜禽舍和厕所应坐北向南，方位应和住房及院墙的走向一致，以保证整体协调。

二、放线方法

（1）平整场地：在规划和选定的庭院沼气设施建设区域内，清理杂物，平整好场地；

（2）确定中心：根据设计图纸在地面上确定沼气池中心位置，画进料间平面、发酵池平面、水压间平面三者的外框灰线。

（3）在尺寸线外 0.8 米左右处打下 4 根定位木桩，分别钉上钉子以便牵线，两线的交点便是圆筒形发酵池的中心点。

（4）定位桩须钉牢不动，并采取保护措施在灰线外适当位置应牢固地打入标高基准桩，在其上确定基准点。

（5）注意事项：在沼气池放线时，要结合用户庭院的整体布局和地面设施情况，确定好沼气池的中心和 ±0.000 标高基准位置。

三、池坑开挖和土方校正方法

1. 池坑开挖

根据池址的地质、水文情况，决定直壁开挖还是放坡开挖池坑。可以进行直壁开挖的池坑，应尽量利用土壁作胎模。圆筒形沼气池上圈梁以上部位，可按放坡开挖池坑，上圈梁以下部位应按模具成型的要求，进行直壁开挖（图 7-2）。

主池的放样、取土尺寸，按下列公式计算：

主池取土直径=池身净空直径+池墙厚度×2

主池取土深度=蓄水圈高+拱顶厚度+拱顶矢高+池墙高度+池底矢高+池底厚度

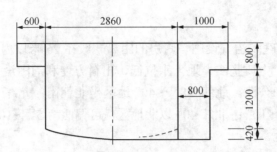

图 7-2　8 立方米沼气池池坑开挖剖面图

开挖池坑时，不要松动原土，池壁要挖得圆整，边挖边修，可利用主池半径尺随时检查，进料管、水压间、出料口、出料器或闸阀式出料装置的闸门口、排料管，应根据设计图纸几何尺寸放样开挖，应特别注意水压间的深度应与主池的零压水位线持平。

2. 池坑校正

开挖圆筒形池，取土直径一定要等于放样尺寸，宁小勿大。在开挖池坑的过程中，要用放样尺寸校正池坑，边开挖，边校正。池坑挖好后，在池底中心直立中心杆和活动轮杆（图 7-3），校正池体各部弧度，以保证池坑的垂直度、水平度、圆心度和光滑度。同时，按照设计施工图，确定上、下圈梁位置和尺寸，挖出上、下圈梁。当采用旋流布料沼气池时，要按照设计施工图，认真校正出螺旋面池底。

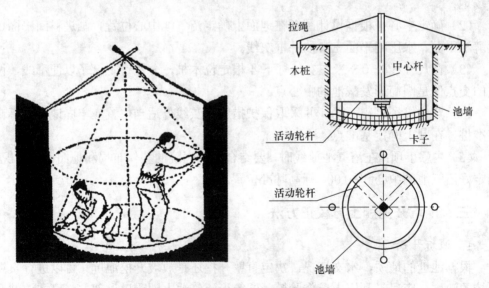

图 7-3　活动轮杆法校正沼气池坑

3. 注意事项

开挖池坑时，严禁挖成上凸下凹的"洼岩洞"，挖出的土应堆放在离池坑远一点的地方，禁止在池坑附近堆放重物。对土质不好的松软土、砂土，应采取加固措施，以防塌方。如遇地下水，则需采取排水措施，并尽量快挖快建。

第二节　砖混组合沼气池池体施工

砖混组合建池法是砖和混凝土两种材料结合的建池工艺，池底用混凝土浇筑，池墙用 60 毫米立砖组砌，池盖用 60 毫米单砖漂拱，土壁和砖砌体之间用细石混凝土浇筑，振捣密实，使砖砌体和细石混凝土形成坚固的结构体。

一、拌制砂浆和混凝土

（一）操作方法

1. 拌制砂浆

拌制砂浆是砖混组合沼气池施工的基本技能，分砌筑砂浆和抹面砂浆等多种砂浆的拌制。户用沼气池施工，一般采用人工拌制。人工拌制砂浆的要点是"三干三湿"。即水泥和砂，按砂浆标号配制后，干拌 3 次，再加水湿拌 3 次。

2. 拌制混凝土

农村建造沼气池，混凝土一般采用人工拌和。首先，在沼气池基坑旁找一块面积 2 平方米左右的平地，平铺上不掺水的拌制板（一般多用钢板，也可用油毛毡）。然后，先将称量好的砂倒在拌制板上，将水泥倒在砂上，用铁锨反复干拌至少 3 遍，直到颜色均匀为止；再将石子倒入，干拌一遍；而后渐渐加入定量的水湿拌 3 遍，拌到全部颜色一致、石子与水泥砂浆没有分离与不均匀的现象为止。

（二）注意事项

（1）砂浆拌制好以后，应及时送到作业地点，做到随拌随用。一般应在 2 小时之内用完，气温低于 10℃时可延长至 3 小时。当气温达到冬季施工条件时，应按冬季施工的有关规定执行。

（2）严禁直接在泥土地上拌和混凝土，混凝土从拌和好至浇筑完毕的延续时间，不宜超过 2 小时。

（3）人工配制混凝土时，要尽量多搅拌几次，使水泥、砂、石混合均匀。同时，要控制好混凝土的配合比和水灰比，避免蜂窝、麻面出现，达到设计的强度。

二、池体施工

（一）施工方法

沼气池的土方与基础工程完成后，按照图 7-4 所示砖混组合沼气池结构剖面图和砖混组合建池工艺，进行如下操作：

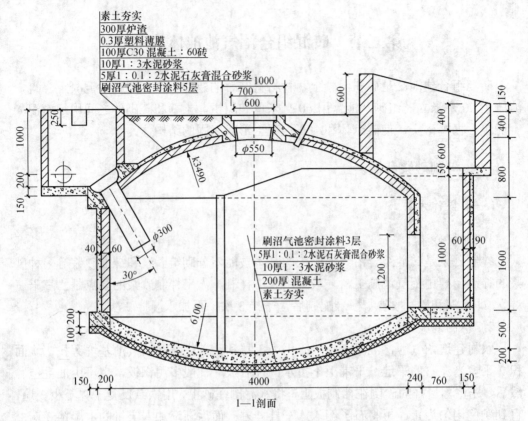

图 7-4　砖混组合沼气池结构剖面图

1. 预制进料管

砖混组合建池工艺一般采用内径 200 毫米以上的水泥管或陶瓷管做进料管,在无预制进料管的钢模时,可采用油毛毡卷成两个圆筒,套成模具。内圆筒装砂,外圆筒用绳缠绕捆牢。浇混凝土时,可用手敲击圆筒,将混凝土振捣密实。

2. 池底施工

户用沼气池池底应根据不同的池坑土质,进行不同的处理。对于黏土和黄土土质,原土夯实后,用 C15 混凝土直接浇灌池底 60～80 毫米即可。如遇砂土土质或松软土质,应先做垫层处理。首先将池坑土质铲平、夯实,然后铺一层直径 80～100 毫米的大卵石,再用砂浆浇缝、抹平,厚 100～120 毫米。垫层处理完后,即可在其上用 C15 混凝土浇灌池底混凝土层 60～80 毫米,然后原浆抹光。

遇到池底浸水时,在池底作十字形盲沟,在中心点或池外排水井设集水坑。在盲沟内填碎石,使池底浸水集中排出。然后在池底铺一块塑料薄膜,在集水坑部位剪一个孔供排水。如果薄膜有接缝,则在接缝处各留约 300 毫米宽并黏合好,防止浸水从接缝处冒出,拱坏池底混凝土。铺膜后,立即在薄膜上浇筑池底混凝土,在集水坑内安装 1 个无底玻璃瓶,用以排水。待全池粉刷完毕后,用水泥砂浆封住集水坑内的无底玻璃瓶。

3. 池墙施工

池底混凝土初凝后，确定主池中心；以该中心为圆心，以沼气池的净空半径为半径，划出池墙净空内圆灰线，距土壁 100 毫米；沿池墙内圆灰线，用 1:3 的水泥砂浆，60 毫米单砖砌筑池墙；每砌一层砖，浇灌一层 C15 细石混凝土，砌四层，正好是 1 米池墙高度；在池墙上端，用混凝土浇筑三角形上圈梁，上圈梁浇灌后要压实，抹光。

土壁和砖砌体之间约 40 毫米的缝隙应分层用细石混凝土浇筑，每层混凝土高度250 毫米。浇捣要连续、均匀、对称，振捣密实。手工浇捣时必须用钢钎有次序地反复捣插，直到泛浆为止，保证混凝土密实，不发生蜂窝麻面。

4. 池拱施工

用砖混组合法修建户用沼气池，一般采用"单砖漂拱法"砌筑池拱。砌筑时，应选用规则的优质砖。砖要预先淋湿，但不能湿透。漂拱用的水泥砂浆要用黏性好的 1:2 细砂浆。砌砖时砂浆应饱满，并用钢管靠扶或吊重物挂扶（图 7-5）等方法固定。每砌完一圈，用片石嵌紧。收口部分改用半砖或 6 分砖头砌筑，以保证圆度。为了保证池盖的几何尺寸，在砌筑时应用曲率半径绳校正。

池盖漂完后，用 1:3 的水泥砂浆抹填补砖缝，然后用粒径 5～10 毫米的 C20细石混凝土现浇 30～50 毫米厚，经过充分拍打、提浆、抹平后，再用 1:3 的水泥砂浆粉平收光，使砖砌体和细石混凝土形成整体结构体，以保证整体强度。

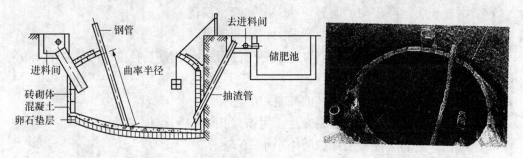

图 7-5　户用沼气池单砖漂拱建池法

5. 活动盖和活动盖口施工

活动盖和活动盖口用下口直径 400 毫米、上口直径 480 毫米、厚度 120 毫米的铁盆作内模和外模配对浇筑成型。浇筑时，先用 C20 混凝土将铁盆周围填充密实，然后，在铁盆外表面用细砂浆铺面，转动成型。活动盖直接在铁盆内浇筑成型，厚度 100～120 毫米。按照混凝土的强度要求进行养护、脱模后，直接用沼气池密封涂料涂刷 3～5 遍即可。无需用水泥砂浆粉刷，以免破坏配合形状。

6. 旋流布料墙施工

旋流布料墙是旋流布料沼气池的重要装置，具有引导发酵原料旋转流动，消除短路和发酵盲区，实现自动循环、自动破壳和微生物成膜的重要功能。在沼气池做完密封层施工后，沿旋流布料墙的曲线，用 60 毫米砖墙筑砌而成。

为保证旋流布料墙的稳定性，底部 500 毫米处用 120 毫米砖墙砌筑，顶部用 60 毫米砖墙十字交差砌筑（图 7-6），高度砌到距池盖最高点 400 毫米，以增强各个水平面的破壳和流动搅拌作用。

旋流布料墙半径约为 6/5 池体净空半径，要严格按设计图尺寸施工，充分利用池底螺旋曲面的作用，使入池原料即能增加流程，又不致阻塞。

7. 料液自动循环装置施工

单向阀是保证发酵料液自动循环的关键装置，一般可选用外径 110 毫米商品化单向阀直接与循环管安装而成。也可以用 1～2 毫米厚的橡胶板制作，通过预埋在进料间墙上的直径 8～10 毫米螺栓固定（图 7-6）。单向阀盖板为双层结构，里层切入预留在进料化间墙上的圆孔内，尺寸与圆孔一致，外层盖在圆孔外，两层之间用胶黏合。

水压间和酸化间隔墙上的极限回流高度距零压面 500 毫米（如图 7-6A-A 剖面）。

8. 预制盖板

为了安全和环境卫生，户用沼气池一般都在进料间、活动盖口、出料间设置盖板。盖板一般用 C20 混凝土预制，内配标准强度为 235 牛顿/平方毫米的低碳建筑钢筋。预制圆形或方形盖板可采用钢模及砖模，板底均应铺一层塑料薄膜（图 7-6c、d）。

（1）几何尺寸：盖板的几何尺寸要符合设计要求。一般圆形、半圆形盖板的支承长度应不小于 50 毫米；盖板混凝土的最小厚度应不小于 60 毫米。

（2）钢筋制作：盖板钢筋的制作应符合以下技术要求：

① 钢筋表面洁净，使用前必须除干净油渍、铁锈。

② 钢筋平直、无局部弯折，弯曲的钢筋要调直。

③ 钢筋的末端应设弯钩。弯钩应按净空直径不小于钢筋直径 2.5 倍，并作 180° 的圆弧弯曲。

④ 加工受力钢筋长度的允许偏差是 ±10 毫米。

⑤ 板内钢筋网的全部钢筋相交点，用铁丝扎结。

⑥ 盖板中钢筋的混凝土保护层不小于 10 毫米。

（3）混凝土：盖板的混凝土强度达到 70%，盖板面要进行表面处理。活动盖板上下底面及周边侧面应按沼气池内密封做法进行粉刷，进出料间盖板表面用 1：2 水泥砂浆粉 5 毫米厚面层，要求表面平整、光洁，有棱有角。

（二）注意事项

（1）砌砖前先将砖浸湿，保持面干内湿。

（2）砖砌体要横平竖直，内口顶紧，外口嵌牢，砂浆饱满，竖缝错开。

（3）砖砌体应浇水养护，避免灰缝脱水，黏接不牢。

（4）细石混凝土要混合均匀，填充密实。

（5）进料管、抽渣管、导气管与池墙结合部用砂浆包裹后，再用细石混凝土加强。

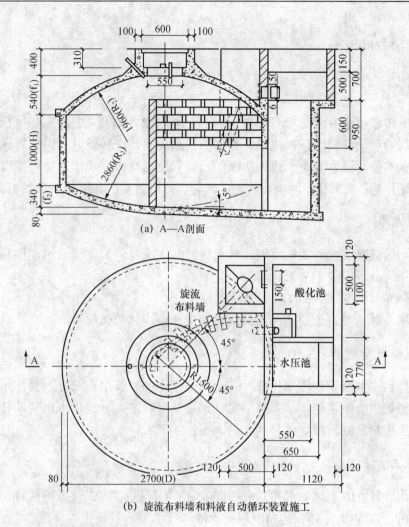

(a) A—A剖面

旋流布料墙

酸化池

水压池

R1500

45°

45°

2700(D)

(b) 旋流布料墙和料液自动循环装置施工

(c) 圆形盖板之钢模

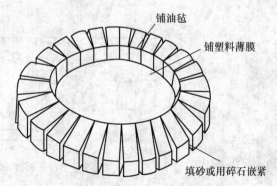

铺油毡

铺塑料薄膜

填砂或用碎石嵌紧

(d) 圆形盖板之砖模

图 7-6　料液自动循环装置

三、养护与回填土

（一）操作方法

浇筑在单砖漂拱池盖上的细石混凝土，现浇完毕 12 小时以后，应立即进行潮湿养护。对外露的现浇混凝土，如池盖、蓄水圈、水压间、进料口以及盖板等应加盖草帘，并加水养护。池体混凝土达到 70% 的设计强度后进行回填土，其湿度以"手捏成团，落地开花"为最佳。回填要对称、均匀、分层夯实，并避免局部冲击荷载。

（二）注意事项

（1）在一般情况下，硅酸盐水泥、普通硅酸盐水泥及矿渣硅酸盐水泥拌制的混凝土，其养护天数不应少于 7 天。

（2）在外界气温低于 5℃ 时，不允许浇水。

（3）回填土时，要避免局部冲击荷载对沼气池结构体的破坏。

四、出料搅拌器施工

出料搅拌器由抽渣管和活塞构成，是户用沼气池的重要组成部分，其作用是通过活塞在抽渣管中上下运动，从发酵间底部抽取发酵料液，分别送入出料间和进料间，达到人工出料和回流搅拌的目的。

（一）施工方法

（1）选用外径 110 毫米、长 2300～2500 毫米的厚壁 PVC 管做抽渣管，在用砖砌筑池墙时，以 30°～45° 的角度斜插于池墙或池顶，安装牢固（图 7-7）。

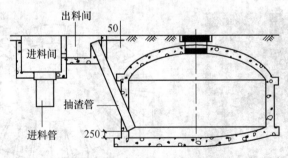

图 7-7　出料搅拌器抽渣管施工图

（2）抽渣管下部距池底 200～300 毫米，上部距地面 50～100 毫米。

（3）抽渣管与池体连接处先用砂浆包裹，再用细石混凝土加固，确保此处不漏水、不漏气。

（4）活塞由外径 98 毫米的塑料成型活塞底盘、外径 104 毫米的橡胶片和外径

10 毫米、长 1500 毫米的钢筋提杆，通过螺栓连接而成。

（二）注意事项

（1）安装和固定抽渣管时，要综合考虑地上部分的建筑，使抽渣管上口位于畜禽圈外。

（2）固定抽渣管时，要考虑人力操作的施力角度和方位，在活塞的最大行程范围内，不能有阻碍情况发生。

（3）施工中，要认真做好抽渣管和池体部分的结合与密封，防止出现漏水发生。

五、密封层施工

沼气发酵是厌氧发酵，发酵工艺要求沼气池必须严格密封。水压式沼气池池内压强远大于池外大气压强，密封性能差的沼气池不但会漏气，而且会使水压式沼气池的水压功能丧失殆尽。因此，沼气池密封性能的好坏是关系到人工制取沼气成败的关键。

（一）施工方法

户用沼气池一般采用"二灰二浆"，在用素灰和水泥砂浆进行基层密封处理的基础上，再用密封涂料仔细涂刷全池，确保不漏水，不漏气。

1. 基础密封层施工

（1）混凝土模板拆除后，立即用钢丝刷将表面打毛，并在抹灰前用水冲洗干净。

（2）当遇有混凝土基层表面凹凸不平、蜂窝孔洞等现象时，先用凿子剔成斜坡，除漏浆凸面，用素灰和 1:1 的水泥砂浆填补凹面、孔洞和砌块大缝隙。

（3）用水灰比为 0.4～0.5 的稠素水泥浆涂刷全池；用水灰比为 0.4～0.5 的 1:3 的水泥砂浆粉刷全池；用水灰比为 0.4～0.5 的素水泥浆涂刷全池；用水灰比为 0.4～0.45 的 1:2 水泥砂浆粉刷全池，并抹压收光。

（4）施工要求：

① 分层交替抹压密实，以使每层的毛细孔道大部分切断，使残留的少量毛细孔无法形成连通的渗水孔网，保证防水层具有较高的抗渗防水功能。

② 素灰层与砂浆层应在同一天内完成，切勿抹完素灰后放置时间过长或次日再抹水泥砂浆。

③ 素灰层要薄而均匀，不宜过厚，否则造成堆积，反而降低黏结强度且容易起壳。抹面后不宜干撒水泥粉，以免素灰层厚薄不均影响黏结。

④ 用木抹子来回用力揉压水泥砂浆，使其渗入素灰层。如果揉压不透，则影响两层之间的黏结。在揉压和抹平砂浆的过程中，严禁加水，否则砂浆干湿不一，容易开裂。

⑤ 水泥砂浆初凝前收水 70% 时进行收压，收压不宜过早，但也不能迟于初凝。

⑥ 池内所有阴角用圆角过度。抹灰必须一次抹完，不留施工缝。施工完毕后要洒水养护，夏天更应注意勤洒水养护。

2. 表面密封层施工

（1）基础密封层施工后，用密封涂料涂刷池体内表面，使之形成一层连续性均匀的薄膜，从而堵塞和封闭混凝土和砂浆表层的孔隙和细小裂缝，防止漏气发生。

（2）涂料选用经过省部级鉴定的密封涂料，材料性能要求具有弹塑性好、无毒性、耐酸碱、与潮湿基层黏结力强、延伸性好、耐久性好，且可涂刷。目前常用的沼气池密封涂料为陕西省秦光沼气池密封剂厂生产的 JX-Ⅱ型沼气池密封剂。该产品具有密封性高、耐腐性好、黏结性强、池壁光亮、节约水泥、减少用工、寿命延长等特点。适用于沼气池、蓄水池、水塔、卫生间、屋面裂缝修补等混凝土建筑物的防渗漏。

（3）涂料施工要求和施工注意事项应按产品使用说明书要求进行。JX-Ⅱ型沼气池密封剂的使用方法为：将半固体的密封剂整袋放入开水中加热 10～20 分钟，完全溶化后，剪开袋口，倒进一适当的容器中加 5～6 倍水稀释；按溶液∶水泥=1∶5的比例将水泥与溶液混合，再加适量水，配成溶剂浆（灰水比例 1∶0.6 左右），按要求进行全池涂刷；第一遍涂刷层初凝后，用相同方法池底和池墙部分再涂刷 1～2遍，池顶部分再涂刷 2～3 遍；涂刷时，要水平垂直交替涂刷，不能漏刷。

（二）注意事项

（1）基础密封层施工时，各层抹灰要压实抹平，避免第一层抹灰层与结构层、第二层抹灰与第一层抹灰之间出现离层现象。

（2）表面密封层施工时，密封涂料的浓度要调配合适，不能太稀，也不能太稠。太稀，刷了不起作用；太稠，刷不开，容易漏刷。

（3）涂刷密封涂料的间隔时间为 1～3 小时，涂刷时用力要轻，按顺序水平、垂直交替涂刷，不能乱刷，以免形成漏刷。

第三节　预制板装配沼气池施工

预制钢筋混凝土板装配建池工艺是把池墙、池盖、进出料管、水压间墙、各口及盖板等预先制作成钢筋混凝土预制件，运到建池现场，在大开挖的池坑内进行组装，并进行加固和密封处理。

一、预制件制作施工程序

预制钢筋混凝土板装配沼气池的池墙、池拱、进出料管、水压间墙、各口及盖板均为钢筋混凝土预制件，池底和水压间底部为现浇混凝土。钢筋混凝土预制件的施工程序如下：

1. 配置生产设备

预制钢筋混凝土板装配沼气池生产设备主要有模具一套、300～400 瓦单相振动机 1 台、升降架 2 副。其中，模具包括池盖、池墙、进料管、出料间内外模、池盖处进料管预留孔半圆模、池墙与出料间连通口套模等。

2. 准备原材料

水，要求清洁无杂质；水泥-425 号，要求安定性好、无结块；中砂或细砂，杂质含量少于 5%；碎石或卵石，要求粒径为 5～10 毫米；钢筋，要求无油渍、无锈蚀。

3. 预制件配筋

（1）池墙板配筋：预制钢筋混凝土板装配沼气池池墙板共 8 块，编号为 YB-1～YB-6，其中 YB-3 和 YB-4 各两块。

（2）池拱板配筋：预制钢筋混凝土板装配沼气池池拱板共 8 块，编号为 YB-7。

（3）水压间池墙板配筋：预制钢筋混凝土板装配沼气池水压间池墙板共 4 块。

4. 配制混凝土

预制钢筋混凝土板装配沼气池各预制件钢筋混凝土材料为 C20；水灰比控制在 0.6 以内，混凝土坍落度 30～50 毫米；计量配料是水泥、砂、石按重量 1∶2.4∶4.5 配比；均匀拌和，先将干料拌匀，后加水拌和，用水的重量约为水泥重量的 0.6 倍。

5. 制作预制件

（1）池墙池拱板预制：预制钢筋混凝土板装配沼气池的池墙、池拱及水压间预制板，按设计尺寸制作模具和预制成型。其施工技术要点为：

① 第一块预制板就地修模成型，放稳模具后依次预制。

② 当混凝土浇入模内一半后布置钢筋（池盖和出料间预制板用冷拔或 8 号圆丝，池墙预制板用 12～14 号圆丝），间距为 150 毫米×150 毫米，然后继续浇入混凝土。

③ 将振动机在填满混凝土的模内来回振捣，使混凝土密实、表面原浆"浓""熟"。

④ 用搓板把原浆搓平，使预制板与模具弧度一致、表面平整，无骨料或石子裸露。

⑤ 脱模，在混凝土初凝前脱模，脱模时用搓板将池墙预制板的直线边缘倒棱。

⑥ 待预制板终凝（12 小时）后在上面铺垫一层塑料或纸，再在其上预制另一块。

（2）进料口和进料管预制；

（3）出料管预制；

（4）天窗口预制；

（5）盖板预制。

6. 养护

预制钢筋混凝土板装配沼气池的预制件混凝土浇筑完毕，终凝后，要洒水养护，使预制件处于湿润状态，15 天后，才能搬动或出售。

符合标准的预制件应是：厚薄均匀（40 毫米），边缘整齐，表面平整，颜色一致，无缺角、无裂缝，检验断面无蜂窝状空洞。预制块共约 29 件，供组装成 6 立方米沼气池的约重 1600 千克。

二、预制件组装施工

（一）施工方法

预制钢筋混凝土板装配沼气池按照图 7-8 所示尺寸进行施工，其施工工艺流程是：放线开挖→基础处理→安装砌筑→灌缝处理→现浇圈梁→池顶回填→现浇池底→粉刷→养护→试压装料。

1. 放线开挖

预制钢筋混凝土板装配沼气池要与猪圈、厕所结合，进料口摆放在粪便收集方便的位置，尽可能使进、出料间在同一直线上。

土方工程参照设计图尺寸（图 7-8）进行放线、开挖和校正。

放线：主池按（净空直径+0.5）米直径的圆放线，出料口紧靠主池按 1.8 米×

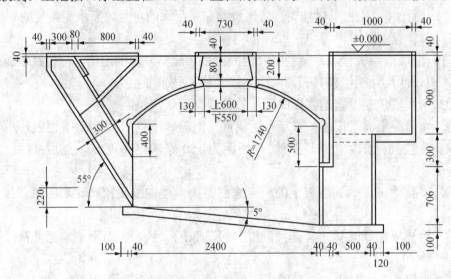

图 7-8 预制钢筋混凝土板装配沼气池组装图

1.2 米放线。

开挖：采取大开挖，以进料处地平为标高，向下挖 2 米；出料口挖 0.6 米深后，再在靠近主池一侧继续将 1 米×1.2 米面积挖到 2 米深。

2. 基础处理

待土方工程完成后，清理铲平池底土层，如池墙基础土质疏松，应继续下挖至原土壤层为止，然后用毛石填平。

地基处理好后，按 6 立方米池 1.2 米或 8 立方米池 1.35 米为半径在池底画圆，用 C15 混凝土以划的线为中心，按宽 150 毫米、高 100 毫米现浇底部圈梁，用水平仪校正平直度。并在上面按 6 立方米池 1.2 米或 8 立方米池 1.35 米为半径的圆线，从线向外掏出深 50 毫米、宽 60 毫米的槽子。

3. 预制件安砌

（1）池墙安砌：将池墙预制板分别垂直插入于槽中，下端与基础现浇混凝土连接，每块之间预留 25 毫米宽的缝隙（其中有 2 块缺口是主池与出料间的连通口，应放在出料间的一侧，缺口向下）。放置完成后，在预制块下端与土壁间现浇 50 毫米厚的混凝土，使其与基础混凝土共同形成底部圈梁。预制块间的缝隙先用水湿润后，再用细混凝土或 75 号砂浆灌满，同时分层回填，用木棒冲紧压实（每层 250 毫米）。

（2）池拱安砌：选一根直径 50 毫米以上、长 1.5 米的木棍上端垂直钉一直径 300 毫米左右的木板，下端置于池底中心。池拱预制板的接缝与池墙预制块错缝安砌，尖端搭在圆木板上（其中 2 块的半圆缺口是用于安装进料管的）。完成放置后，用水喷湿，调平嵌缝（以池内上弧平整一致为准），向预制块间缝隙灌满 75 号砂浆，池盖与池墙接缝处应打灰口。

（3）出料管和水压间安砌：出料管预制件与池墙预制板组合，同步安装。水压间底和出料管预制件通过混凝土浇筑连接在一起，上部由 4 个圆弧预制块组成，其安砌方法与池墙相同，边向缝隙灌浆，边回填土。

（4）进料管和进料口安砌：用水泥砂浆粉刷进料管的内壁和两端端面后，将进料管穿过池盖缺口，紧贴池墙内壁，与液面垂直，下端端面与出料口的上沿应处同一水平线。放置完成后，用混凝土将出料管外壁固定，在进料管上端安砌进料口预制件。

（5）现浇圈梁：用 C15 混凝土在池盖与池墙结合部现浇宽 100 毫米、高 150 毫米的圈梁，混凝土与原土壁间用卵石、块石嵌紧，并随即回填土。

（6）导气管安装：池顶部安放好导气管后，现浇直径 600 毫米、厚 50 毫米的 C15 混凝土。

4. 池拱回填

待圈梁、池拱现浇结束，并填后，选用湿润松软土分层踩实。当池盖回填完成 2/3 工作量以后，即可拆掉池内支撑池盖的木棍。

5. 粉刷

（1）基层粉刷：待池内预制块缝隙灌浆抹平后，将主池内壁用纯水泥浆全池刷一遍；

（2）底层抹灰：粉 5 毫米厚的 1∶2 水泥砂浆，抹平收紧；

（3）面层抹灰：粉 2～3 毫米厚的 1∶1.5 水泥砂浆，压紧收光；

（4）表面粉刷：用密封涂料全池刷 3～5 遍；

（5）池底和出料间粉刷：池底和出料间各粉 1 遍，刷密封涂料 2 遍。

6. 养护进出料口加盖

保持池内湿度，养护 7 天以后，按《户用沼气池质量检查验收规范》（GB/T4751—2002）试压验收。

（二）注意事项

（1）安砌各预制件时，其垂直度、水平度要符合要求。

（2）安装池墙和池盖时，两块之间的缝隙最小要 20 毫米，或预制块事先留有口向内的"V"字形坡口，以利于更好地连接缝口。特别要注意各接头处粘结牢固、密实。

（3）在灌缝时，必须先将缝隙两边浇水湿润，以便砂浆联合，确保缝隙结合可靠。

（4）池盖缝隙灌砂浆后，等 1 天后才能拆中心的顶撑。

（5）在装运出售过程中，应将预制块站立，每块相互靠紧，不得平放或散放。

第四节　现浇混凝土沼气池

现浇混凝土沼气池施工准备包括规划、选型、选址、定容、放线、挖坑、校正等工序。

一、户用沼气系统规划和选型

（一）规划和选型方法

1. 系统规划

（1）对庭院设施进行合理规划：发展农村庭院沼气，要重视和解决好以沼气池为中心的发酵料液的前、后处理环节。前处理包括厕所、猪舍、沼气池三结合方式和太阳能猪舍的设计及建造。后处理包括沼气池出料和沼肥的使用。通过对农户庭院设施的优化设计，合理布局，使建池农户拥有清洁的厨房、干净的浴室、卫生的厕所、无蚊蝇的猪圈、高效率的沼气池和排污系统，使庭院干净卫生，优美高雅。

（2）将沼气与主导产业组装配套：要实现庭园生态农业系统内部物质和能量的良性循环，必须通过肥料、饲料和燃料这三个枢纽，因而"三料"的转化途径是整个生态系统功能的关键环节。沼气发酵系统正好是实现"三料"转化的最佳途径，在生态农业中起着回收农业废弃物能量和物质的特殊作用。通过规划和建设，将变废为宝的沼气池，变成连接农、林、牧、副、渔各业的纽带，使吨粮田、林果山、禽畜圈、水产池连成一片，实现无污染、无废料、"能量流、物质流、经济流"良性循环的生态农业体系。

（3）采用高效沼气发酵装置：适宜于农户应用的沼气池为《户用沼气池标准图集》（GB/T4750—2002）中的池型和"强回流池"、"旋流布料池"等池型。其中，旋流布料沼气池、强回流沼气池和曲流布料 C 型沼气池等池型克服了静态发酵沼气池所产生的料液"短路"、不能保留高浓度活性微生物、新鲜原料和菌种不能充分接触、池内沉渣和结壳大量积累，造成池容产气率低，原料利用率低，出料困难等缺点，实现了自动循环、自动搅拌、自动破壳、自动增温、微生物成膜、消短除盲和两步发酵等动态发酵状态，产气量高，管理轻便，在发展农村庭园沼气时，应优先引进和采用。

2. 池型选择

（1）与工艺配套选型：庭园沼气池的选型与工艺选型密不可分。发酵工艺与池型往往是同时考虑、配套应用。池型的设计必须满足工艺的要求，以发酵工艺参数为依据。如因特殊原因，选定了池型，选用的发酵工艺也必须与池型相适应。

（2）根据用户情况选型：

① 普通用户：普通用户建池一般为解决生活用能、积肥和综合利用，原料大部分为人畜粪便和秸秆。这种情况下，选用"三结合"式水压池即可。如原料多，以秸秆为主料发酵，也可选用分离浮罩式池型，配干发酵工艺或选用两步发酵池型，增设产酸池。

② 养殖专业户：常年养猪户以猪粪为发酵主料，可选用组合式旋流布料自动循环沼气池，结合种植、养殖、加工业，建造厕所、太阳能畜禽舍和地下沼气池组合为一体的三位一体综合设施。养猪不多，还可以选用其他材质的小型高效沼气池。

③ 禽畜养殖场：这种情况下，以粪便为发酵原料，且有充足的料源，可选用高效连续发酵装置。如上流式厌氧污泥床反应器、厌氧过滤反应器等先进发酵装置。

（3）根据地域选型：寒冷地区宜选用地下池，并配套地面保温设施；水位高的地区可选建地上池、半地下池；南方地区气温高，可建地下池、半地下池、地上池等。

（4）根据技术水平选型：设计能力强、管理水平高，尽量选建较先进的池型，实行现代化管理。技术力量薄弱，应选用易操作管理的池型。

（5）根据综合因素选型：沼气池选型和工艺选型一样，不但要考虑单一因素，也要考虑多方面因素，要依建池成本、回收期、经济效益和社会效益等，因地制宜、因户制宜决定。遵循选型依据，紧密结合自己的实际情况，如原料的多少、场地的大小、建池目的等来选建符合自己的条件和要求的池型。充分比较各种池型的利弊，远近结合，不要只顾眼前利益，忽视未来的发展。建多大池容，使用何种池型，建在何处都应反复比较，应根据自己的需要和条件，确定池型。在条件允许的情况下，应尽量选择便于进行综合利用的池型。

（二）注意事项

（1）重视和搞好以沼气池为核心的庭院设施系统规划和配套设计。

（2）北方地区发展沼气一定要做好地面设施的保温增温设计和建设。

二、户用沼气池定容和备料

（一）定容和备料方法

1. 确定建池容积

沼气池容积是沼气池设计中的一个重要问题，应根据用户所拥有的发酵原料、所采用的发酵工艺和用气要求等因素确定。小型户用沼气池一般根据用气要求确定建池容积。满足一个农户全家人口生活用能的沼气池池容，可用下列公式计算：

$$V=V_1+V_2=V_1+0.15V_1=1.15V_1=1.15nkr \tag{7-1}$$

式中：V——沼气池净空总容积（立方米）；

　　　V_1——发酵间容积（立方米）；

　　　V_2——贮气间间容积（立方米）；$V_2=0.15V_1$

　　　n——气温影响系数，南方取 0.8～1.0，中部取 1.0～1.2，北方取 1.2～1.5；

　　　k——人口影响系数，2～3 口之家取 1.8～1.4，4～7 口之家取 1.4～1.1；

　　　r——每户人口数。

沼气池容积与人口的关系见表 7-1。

表 7-1　沼气池容积与人口的关系

沼气池容积（立方米）	6	8	10	12
每天可产沼气量（立方米）	1.2	1.6	2.0	2.4
可满足全家人口数（个）	3	3～5	4～6	5～7

2. 准备材料

建一个 8 立方米。曲流布料沼气池，用现浇混凝土法建池，实际用料量为：425 号普通硅酸盐水泥 1 000 千克左右，中砂 1.5 立方米左右，5～20 毫米卵石 2.2 立方米左右，直径 6 毫米钢筋 5 千克左右（表 7-2）。如遇到池坑浸水量大或土质松软的地方，建材用量应增加 10%～20% 左右。

表 7-2　现浇混凝土曲流布料沼气池材料参考用量见表

容积立方米	混凝土				池体抹灰			水泥素浆	合计材料用量		
	体积（立方米）	水泥（千克）	中砂（立方米）	碎石（立方米）	体积（立方米）	水泥（千克）	中砂（立方米）	水泥（千克）	水泥（千克）	中砂（立方米）	碎石（立方米）
6	2.148	614	0.852	1.856	0.489	197	0.461	93	904	1.313	1.856
8	2.508	717	0.995	2.167	0.551	222	0.519	103	1042	1.514	2.167
10	2.956	845	1.172	2.553	0.658	265	0.620	120	1230	1.792	2.553

（二）注意事项

（1）修建沼气池的卵石要干净，含泥量不大于 2%，不含柴草等有机物和塑料等杂物。

（2）砂子要求质地坚硬、洁净，泥土含量不超过 3%，云母允许含量在 0.5%以下，不含柴草等有机物和塑料等杂物。

（3）不能用酸性或碱性水拌制混凝土、砂浆以及养护。

（4）混凝土中使用的钢筋应清除油污、铁锈并矫直后使用。

三、户用沼气池土方和基础施工

（一）土方和基础施工方法

1. 池坑开挖

沼气池池坑开挖时，首先要按设计图纸尺寸（图 7-9）定位放线，放线尺寸为：池身外包尺寸+2 倍池身外填土层厚度（或操作现场尺寸）+2 倍放坡尺寸。当定位灰线划好后，在灰线外四角离灰线约 1 米处钉 4 根定位木桩，作为沼气池施工时的控制桩。在对角木桩之间拉上连线，其交点作为沼气池的中心。沼气池尺寸以中线卦线为基准，施工时随时校验。

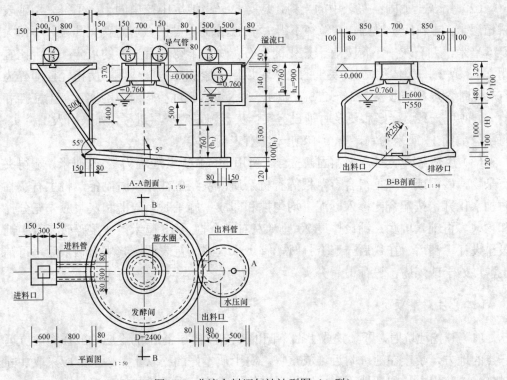

图 7-9 曲流布料沼气池池型图（A 型）

关于放坡尺寸，可根据不同土质确定挖方最大坡度：当土层具有天然湿度，构造均匀，水文地质条件良好，在无地下水时，深度在 5 米以内，不加支撑的基坑，可分别确定边坡坡度（高：宽）为砂土 1：1，亚砂土 1：0.67，亚黏土 1：0.5，黏土 1：0.33，含砾石或卵石的土 1：0.67，干黄土 1：0.25。在实际应用中，砂质较多的应加大边坡坡度，如遇地下水时，也要求放大坡坡度。当所要求的坡度较大而又限于场地位置时，要注意土方的开挖对邻近房屋基础的影响，必要时应使用临时支撑。

基坑开挖过程和敞露期间，应防止塌方，必要时应加以保护。堆土或移动施工机械时应与挖方边缘保持一定的距离，以保持边坡和直立壁的稳定。当土质良好时，堆土距挖方边缘 0.8 米以外，高度不超过 1.5 米。

2. 地基加固

在软弱地基土质上建造沼气池，应采取地基加固处理，并在土方工程施工阶段完成。常用的处理方法如下：

（1）用砂垫层和砂石垫层加固：选用质地坚硬的中砂、粗砂、砾砂、卵石或碎石作为垫层材料，在缺少中、粗砂或砾砂的地区，也可采用细砂，但应同时掺入一定数量的卵石、碎石、石渣或煤渣等废料，经试验合格，亦可作为垫层材料；选用的垫层材料中不得含有草根、垃圾等杂质；在铺垫垫层前，应先验坑（包括标高和形状尺寸），将浮土铲除。然后将砂石拌和均匀后，进行铺筑捣实。

（2）用灰土加固：灰土中的土料，应尽量采用池坑中挖出的土，不得采用地表耕植层土，土料应予过筛，其粒径不得大于 15 毫米；熟石灰应过筛，其粒径不得大于 5 毫米，熟石灰中不得夹有未熟化的生石灰块，不得含有过多的水分；灰土比宜用 2：8 或 3：7（体积比）；灰土的含水量以用手紧握土料能成团，两指轻捏即碎为宜（此时含水量一般在 23%～25% 之间），含水过多、过少均难以夯实；灰土应拌和均匀，颜色一致，拌好后要及时铺设夯实；灰土施工应分层进行，如采用人工夯实，每层以虚铺 15 厘米为宜，夯至 10 厘米左右表明夯实。

（3）用灰浆碎砖三合土加固：三合土所用的碎砖，其粒径为 2～6 厘米，不得夹有杂物，砂泥或砂中不得含有草根等有机杂质；灰浆应在施工时制备，将生石灰临时加水化开，按配合比掺入砂泥，均匀搅和即成；施工时，碎砖和灰浆应先充分拌和均匀，再铺入坑底，铺设厚度 20 厘米左右，夯打至 15 厘米；灰浆碎砖三合土铺设至设计标高后，在最后一遍夯打时，宜浇浓灰浆。待表层灰浆略为晒干后，再铺上薄层砂子或煤屑，进行最后夯实。

（二）注意事项

（1）开挖池坑时，严禁挖成上凸下凹的"洼岩洞"，挖出的土应堆放在离池坑远一点的地方，禁止在池坑附近堆放重物。对土质不好的松软土、砂土，应采取加固措施，以防塌方。如遇地下水，则需采取排水措施，并尽量快挖快建。

（2）用灰土加固地基完毕后，其上应盖以塑料布、草垫之类，以防日晒雨淋影响质量。刚夯实完毕的灰土如突然遭受雨淋浸泡，则应将积水及松软灰土铲除后补填夯实。稍受浸湿的灰土，可在晒干后再补夯。

（3）冬季施工时，不得采用冻土或夹有冻土块的土料作灰土，并应采取有效的防冻措施。

（4）开挖地坑、运送石料和建池砌筑时，要防止石料滑落、掉砖和工具失手砸伤施工人员。运输石料和搭脚手架的绳索，必须坚实、牢固，防止落架或断裂伤人。

第五节 现浇混凝土沼气池池体施工

现浇混凝土沼气池施工是在完成土方和池底浇筑的基础上，利用原状土壁做池墙外模，池墙和池拱内模用钢模、木模或砖模组装或组砌好后，一次现浇成型的建池工艺。

一、拌制混凝土

（一）操作方法

1. 拌制混凝土

农村建造沼气池，混凝土一般采用人工拌和。首先，在沼气池基坑旁找一块面积2平方米左右的平地，平铺上不掺水的拌制板（一般多用钢板，也可用油毛毡）。然后，先将称量好的砂倒在拌制板上，将水泥倒在砂上，用铁锨反复干拌至少三遍，直到颜色均匀为止；再将石子倒入，干拌一遍；而后渐渐加入定量的水湿拌3遍，拌到全部颜色一致、石子与水泥砂浆没有分离与不均匀的现象为止。

2. 拌制砂浆

户用沼气池施工，一般采用人工拌制。人工拌制砂浆的要点是"三干三湿"。即水泥和砂按砂浆标号配制后，干拌3次，再加水湿拌3次。

（二）注意事项

（1）严禁直接在泥土地上拌和混凝土，混凝土从拌和好至浇筑完毕的延续时间，不宜超过2小时。

（2）人工配制混凝土时，要尽量多搅拌几次，使水泥、砂、石混合均匀。同时，要控制好混凝土的配合比和水灰比，避免蜂窝、麻面出现，达到设计的强度。

二、浇筑池体

（一）施工程序和操作方法

1. 浇筑池底

户用沼气池池底应根据不同的池坑土质，进行不同的处理。对于黏土和黄土土质，挖至老土，铲平夯实后，用 C15 混凝土直接浇灌池底 80 毫米以上即可。如遇砂土土质或松软土质，应先做垫层处理。首先将池坑土质铲平、夯实，然后铺一层直径80～100 毫米的大卵石，再用砂浆浇缝、抹平，厚 100～120 毫米。垫层处理完后，即可在其上用 C15 混凝土浇灌池底混凝土层 60～80 毫米，然后原浆抹光（图 7-10）。

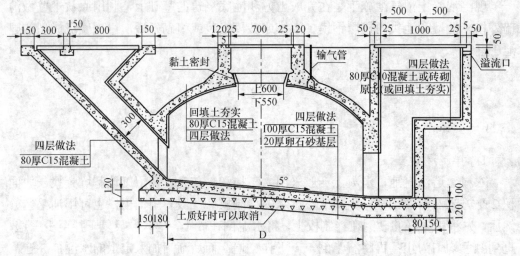

图 7-10　曲流布料沼气池构造详图（A 型）

为避免操作时对池底混凝土的质量带来影响，施工人员应站在架空铺设于池底的木板上进行操作。浇筑沼气池池底时，应从池底中心向周边轴对称地进行浇筑。要用水平仪（尺）测量找平下圈梁，用抹灰板以中心点为圆心，抹出一个半径 127厘米的圆形平台面，作为钢模池墙的架设平台。

2. 组装模板

户用沼气池采用现浇混凝土作为池体结构材料时，提倡用钢模、玻璃钢模或木模施工。无此条件时，也可采用砖模施工。钢模和玻璃钢模强度高，刚度好，可以多次使用，是最理想的模具。砖模取材容易，不受条件限制，成本也低，目前农村中用得比较广泛。不论采用什么模具，都要求表面光洁，接缝严密，不漏浆；模板及支撑均有足够的强度、刚度和稳定性，

图 7-11　组装沼气池钢模板

以保证在浇捣混凝土时不变形，不下沉，拆模方便。

池底混凝土初凝后，即可组装钢模或玻璃钢模板、组砌砖模或用伞形架法制作沼气池池拱砂模。

（1）组装钢模：农村家用沼气池钢模板规格通常为 6 立方米、8 立方米、10 立方米三种，分为池墙模、池拱模、进料管模、出料管模、水压间模和活动盖口模等，池墙模、池拱模 6 立方米池 15 块、8 立方米池 17 块、10 立方米池 19 块，组装在一起成为现浇混凝土沼气池的内模，外模一般用原状土壁（图 7-11）。

在组装沼气池钢模板时，要按各模板的编号顺序进行组装，并将异型模配对组装在最底部位，以便拆模。一般池底浇筑后 6 小时以上才可以支架沼气池钢模具；支模时，先支墙模，后支顶模，若使用无脱模块的整体钢模时，应注意支模时要用木条或竹条设置拆模块；主池、进出料管等钢模要同步进行，支架完成后，即可浇灌；水压间、天窗口模板待施工到相应部位后再支架。

（2）组砌砖模用砖组砌沼气池内模的施工工序和技术要点为：

① 组砌池墙模池墙采用砖模作内模时，先砌第一圈立砖，内贴油毛毡；池墙混凝土浇捣 250～300 毫米深后，再砌第二圈立砖，内贴油毛毡；再浇混凝土，依次往上施工。砖内模采用低标号砂浆或黏土砂浆砌筑，砂浆一定要饱满，尺寸要准确，以免浇捣混凝土时砖模变形。

浇混凝土时，应沿池墙一圈铲入混凝土，均匀铺满一层后，再仔细振捣密实，并注意不要将基坑土及砖内模的砖筑砂浆拌到混凝土内。

② 砌池拱模：池拱采用砖模时，砖模用低标号砂浆砌筑。砖模上先用黏土砌浆抹成光洁球面后，再铺一层塑料薄膜，然后再浇捣混凝土。一般应待混凝土强度达到 5 兆帕后，才能拆除砖模，撕下塑料薄膜。

（3）制作砂模：用一根较粗的木棒直立于池底中心，顶端取一点（池的直径乘 0.725 处），绑若干根支架，支架的另一端置于池墙顶端预留空隙处，支架之间加放若干横条，然后铺上草席等物，再垫上泥土和隔离砂，做成矢跨比为 1：5 的削球体形状，抹光压实。再在上面浇注厚度为 60～80 毫米的 1：3：6：水泥：砂：卵石的混凝土，拍打、提浆、抹平（图 7-12）。

3.　浇筑池墙和池拱

（1）沼气池池底混凝土浇筑好后，一般相隔 24 小时浇筑池墙。浇筑沼气池池墙、池拱，无论采取钢模、玻璃钢模，还是木模，浇筑前必须检查校正，保证模板尺寸准确、安全、稳固，主池池墙模板与土坑壁的间隙均匀一致。浇筑前，在模板表面涂上石灰水、肥皂水等隔离剂，以便于脱模，减少或避免脱模时敲击模具，保证混凝土在发展强度时不受冲击。用砖模时必须使用油毡、塑料布等作隔离膜，防止砖模吸收混凝土中的水分和水泥浆及振捣时发生漏浆现象，也便于脱模。

（2）池墙一般用 C15 混凝土浇筑，一次浇筑成型，不留施工缝。池墙应分层浇筑，每层混凝土高度不应大于 250 毫米，浇灌时，先在主池模板周围浇捣 6 个混凝土点固定模板，然后沿池墙模板周围分层铲入混凝土，均匀铺满一层后，振捣密实，并且注意不能用铲直接倾倒，应使用砂浆桶倾倒，这样可以保证砂浆中的骨料不会在钢模上滚动而分离，才能保证建池质量。浇筑要连续、均匀、对称，用钢钎有次序地反复捣插，直到泛浆为止，保证池体混凝土密实，不发生蜂窝麻面。

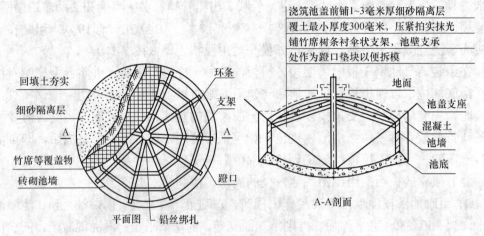

图 7-12　制作沼气池池拱砂模

池拱用 C20 混凝土一次浇筑成型，厚度为 80 毫米以上，经过充分拍打、提浆、原浆压实、抹平、收光。浇筑池拱球壳时，应自球壳的周边向壳顶轴对称进行。

进出料管模下部先用混凝土填实，与模具接触的表面用砂浆成型，减少漏水、漏气现象的发生。在混凝土未凝固前，要转动进出料管模，防止卡死。尽量采用有脱模块的钢模，这样不需转模，也方便脱模。

（3）在已硬化的混凝土表面继续浇筑混凝土前，应除掉水泥薄膜和表面的松动石子、软弱混凝土层，并加以充分湿润、冲洗干净和清除积水。水平施工缝（如池底与池墙交接处、上圈梁与池盖交接处）继续浇筑前，应先铺上一层 20~30 毫米厚与混凝土内砂浆成分相同的砂浆。

（4）农村沼气池一般采用人工捣实混凝土。捣实方法是，池底和池盖的混凝土可拍打夯实，池墙则宜采用钢钎插入振捣。务必使混凝土拌和物通过振动，排挤出内部的空气和部分游离水，同时使砂浆充满石子间的空隙，混凝土填满模板四周，以达到内部密实、表面平整的目的。

4. 预制活动盖和进出料间盖板

现浇混凝土沼气池的活动盖和进料间、活动盖"口"、出料间盖板均为钢模具现浇成形。所有盖板均用 C20 混凝土预制，内配标准强度为 235 牛顿/平方毫米的低碳建筑钢筋。预制盖板时，板底均应铺一层隔离用塑料薄膜。

（1）几何尺寸：盖板的几何尺寸要符合设计要求。一般圆形、半圆形盖板的支承长度应不小于 50 毫米；盖板混凝土的最小厚度应不小于 60 毫米。

（2）钢筋制作盖板钢筋的制作技术要求：

① 钢筋表面洁净，使用前必须除干净油渍、铁锈；

② 钢筋平直、无局部弯折，弯曲的钢筋要调直；

③ 钢筋的末端应设弯钩。弯钩应按净空直径不小于钢筋直径 2.5 倍，并作 180°的圆弧弯曲；

④ 加工受力钢筋长度的允许偏差是±10 毫米；

⑤ 板内钢筋网的全部钢筋相交点，用铁丝扎结；

⑥ 盖板中钢筋的混凝土保护层不小于 10 毫米。

（3）混凝土：盖板的混凝土强度达到 70%，盖板面要进行表面处理。活动盖板上下底面及周边侧面应按沼气池内密封做法进行粉刷，进出料间盖板表面用 1∶2 水泥砂浆粉 5 毫米厚面层，要求表面平整、光洁。

5. 布料板和塞流板施工

曲流布料沼气池 B 型设有塞流板，C 型设有布料板和塞流板。布料板的作用是使原料进入池内时，由布料板进行布料，形成多路曲流，增加新料扩散面，充分发挥池容负载能力，提高池容产气率；塞流板的作用增加微生物和原料的滞留时间，防止微生物随出料流失。施工方法是：采用 C20 混凝土配帖钢筋，按 GB/T4750—2002 中图 7 的几何尺寸，提前预制好布料板和塞流板，在池墙、池拱封刷完工后，按照曲流布料沼气池 B 型（图 7-13）和 C 型（图 7-14）结构图安装布料板和塞流板，并用砂浆加固。

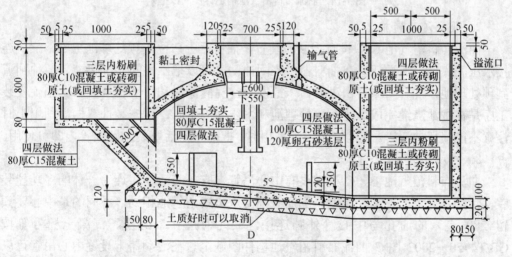

图 7-13　曲流布料沼气池构造详图（B 型）

6. 破壳输气吊笼施工

曲流布料沼气池 C 型（图 7-14）设有破壳输气吊笼，它是安装在多功能活动盖中心管上的双层吊笼，可以用竹条制成蓖笼，也可以用帕钢筋做骨架，用塑料线编织滤网制成，几何尺寸按 GB/T4750—2002 中图 6 的曲流布料沼气池构配件图施工。破壳输气吊笼的安装施工方法，要在沼气池内部所有工序完成，密封性能检验合格，可以投料启动前进行。安装时，要先将吊笼从天窗口装入发酵池，然后把多功能活动盖安装上，最后从池内把破壳输气吊笼安装到中心管上，破壳输气吊笼在中心管上可以转动。破壳输气吊笼在池内气压变化时，液面上升、下降，进、出料时，料液流动等过程中产生搅拌、破壳作用。另外，破壳输气吊笼是双层滤渣结构，两层中间保持稀液不结壳，用气时稀液上升很快，达到稀湿上部结壳层的作用，保持下部、中部产生的沼气容易从破壳输气吊笼中进入气箱。

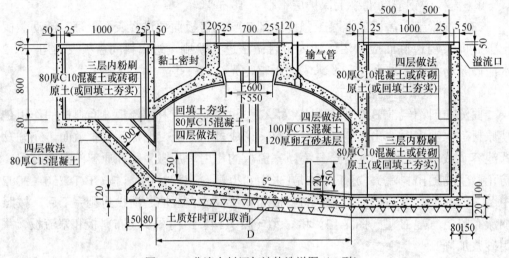

图 7-14　曲流布料沼气池构造详图（C 型）

7. 强回流装置施工

曲流布料沼气池 C 型设有强回流装置，抽料器上口位于预处理池上部，下口连接水压间底部，通过活塞在抽料器中来回抽动，可以把水压间底部料液、菌种回流到预处理池，混合新原料由进料口入池发酵，提高原料利用率和产气率。施工安装工序是在主池浇灌完成，进行预处理池和水压间施工时，再安装抽料器，回填土时注意不能损坏抽渣管。建池完工投入使用时，把抽料器活塞装入圆筒管内即可使用。

8. 中心吊管施工

曲流布料沼气池 B、C 型都设有中心吊管，它是与活动盖连为一体的多功能装置。活动盖施工的外圆、厚度、配筋等都与水压式沼气池相同，不同的是中心要预留 280 毫米的通孔与中心管外圆连接，其几何尺寸、配筋、混凝土标号等按 GB/T4750—2002 图 7 曲流布料沼气池构件图施工。在活动盖上设置中心吊管可以直接进、出料，优质料液、菌种可以直接加到发酵池中心部位，液肥车可把抽料管直接插入池中心抽取沼气池的料液，沼气池产气时，料液从中心管孔中上升到活动盖上面，用气时自动落下，循环搅拌中心部位，同时保养天窗口与活动盖的密封胶泥不会干裂、漏气。另外，中心管外圆也起到一定的破壳搅拌作用。用带圆盘的木棒从中心管孔中进行人工搅拌，比从进料管搅拌效果好。

（二）注意事项

（1）人工配制混凝土时，要尽量多搅拌几次，使水泥、砂、石混合均匀。同时，要控制好混凝土配合比和水灰比，避免蜂窝、麻面出现，达到设计的强度。

（2）浇注混凝土时，要分层、均匀浇注，避免因集中浇注而出现的模具偏移和池体混凝土薄厚不匀现象。

（3）当利用基坑土壁作外模时，浇筑池墙混凝土和振捣时一定要小心，不允许泥土、杂草、木屑等掉在混凝土内。注意振捣混凝土时，每一部位都必须捣实，不得漏振。一般应以混凝土表面呈现水泥浆和不再沉落为合格。

三、养护、拆模和回填土

（一）施工方法

1. 养护

为保证沼气池混凝土有适宜的硬化条件，并防止其发生不正常的收缩裂缝，农村家用沼气池在混凝土浇筑完毕后 12 小时以内即应加以覆盖和浇水养护。在炎热的高温季节，灌筑完毕 2 小时后，对外露的现浇混凝土，如池盖、蓄水圈、水压间、进料口以及盖板等应覆盖草帘，并加水养护，以免混凝土中水分蒸发过快。养护混凝土所用的水，其要求与拌制混凝土用的水相同。养护浇水次数，以能保持混凝土具有足够的湿润状态为准。

2. 拆模

池体混凝土连续潮湿养护 7 昼夜以上方可拆模。拆墙模时，混凝土强度应不低于混凝土设计标号的 40%；拆池顶承重模时，混凝土的强度应不低于设计标号的70%。拆模先拆池顶脱模块，再拆池顶模，之后，再拆池墙脱模块和池墙模。

3. 回填土

回填土应在池体混凝土达到 70%的设计强度后进行，并应避免局部冲击荷载。回填土的湿度以"手捏成团，落地开花"为最佳。回填土质量要好，并可掺入石块、碎砖以及石灰窑脚灰等。回填时要对称、均匀、分层夯实。

（二）注意事项

（1）池体混凝土在20℃下，潮湿养护 7 天，强度达到设计标号的 70%时，方可拆池顶承重模。过早拆模，会因强度不够，使结构破坏，出现池体裂缝等问题。

（2）在外界气温低于 5℃时，不允许浇水养护。

（3）回填土时，要避免局部冲击荷载对沼气池结构体的破坏。

四、密封层施工

沼气发酵是厌氧发酵，发酵工艺要求沼气池必须严格密封。水压式沼气池池内压强远大于池外大气压强，密封性能差的沼气池不但会漏气，而且会使水压式沼气池的水压功能丧失殆尽。因此，沼气池密封性能的好坏是关系到人工制取沼气成败的关键。

（一）施工程序

户用沼气池一般采用"二灰二浆"，在用素灰和水泥砂浆进行基层密封处理的基础上，再用密封涂料仔细涂刷全池，确保不漏水，不漏气。

1. 基层处理

（1）混凝土模板拆除后，立即用钢丝刷将表面打毛，并在抹灰前用水冲洗干净。

（2）当遇有混凝土基层表面凹凸不平、蜂窝孔洞等现象时，应根据不同情况分别进行处理。

当凹凸不平处的深度大于10毫米时，先用凿子剔成斜坡，并用钢丝刷将表面刷后用水冲洗干净，抹素灰2毫米，再抹砂浆找平层，抹后将砂浆表面横向扫成毛面。如深度较大时，待砂浆凝固后（一般间隔12小时）再抹素灰2毫米，再用砂浆抹至与混凝土平面平齐为止。

当基层表面有蜂窝孔洞时，应先用凿子将松散石除掉，将孔洞四周边缘剔成斜坡，用水冲洗干净，然后用2毫米素灰、10毫米水泥砂浆交替抹压，直至与基层平齐为止，并将最后一层砂浆表面横向扫成毛面。待砂浆凝固后，再与混凝土表面一起做好防水层。当蜂窝麻面不深，且石子黏结较牢固，则需用水冲洗干净，再用1∶1水泥砂浆用力压实抹平后，将砂浆表面扫毛即可。

（3）砌块基层处理需将表面残留的灰浆等污物清除干净，并用水冲洗。

（4）在基层处理完后，应浇水充分浸润。

2. 四层抹面

户用沼气池刚性防渗层一般用四层抹面法施工，操作要求和技术要点是：

（1）施工时，务必做到分层交替抹压密实，以使每层的毛细孔道大部分切断，使残留的少量毛细孔无法形成连通的渗水孔网，保证防水层具有较高的抗渗防水功能。

（2）施工时应注意素灰层与砂浆层应在同一天内完成。即防水层的前两层基本上连续操作，后两层连续操作，切勿抹完素灰后放置时间过长或次日再抹水泥砂浆。

（3）素灰层要薄而均匀，不宜过厚，否则造成堆积，反而降低黏结强度且容易起壳。抹面后不宜干撒水泥粉，以免素灰层厚薄不均影响黏结。

（4）用木抹子来回用力揉压水泥砂浆，使其渗入素灰层。如果揉压不透，则影响两层之间的黏结。在揉压和抹平砂浆的过程中，严禁加水，否则砂浆干湿不一，容易开裂。

（5）水泥砂浆初凝前，待收水 70%（即用手指按压上去有少许水润出现而不易压成手迹）时，进行收压，收压不宜过早，但也不能迟于初凝。

3. 涂料施工

基础密封层完成后，用密封涂料涂刷池体内表面，使之形成一层连续性均匀的薄膜，从而堵塞和封闭混凝土和砂浆表层的孔隙和细小裂缝，防止漏气发生。其技术要点是：

（1）涂料选用经过省部级鉴定的密封涂料，材料性能要求具有弹塑性好，无毒性，耐酸、碱，与潮湿基层黏结力强，延伸性好，耐久性好，且可涂刷。目前常用的沼气池密封涂料为陕西省秦光沼气池密封剂厂生产的 JX-Ⅱ型沼气池密封剂。该产品具有密封性高、耐腐性好、黏性稍强、池壁光亮、节约水泥、减少用工、寿命延长等特点。适用于沼气池、蓄水池、水塔、卫生间、屋面裂缝修补等混凝土建筑物的防渗漏。

（2）涂料施工要求和施工注意事项应按产品使用说明书要求进行。JX-Ⅱ型沼气池密封剂的使用方法为：将半固体的密封剂整袋放入开水中加热 10～20 分钟，完全溶化后，剪开袋口，倒进一个适当的容器中加 5～6 倍水稀释；按溶液：水泥为 1：5 的比例将水泥与溶液混合，再加适量水，配成溶剂浆（灰水比例 1：0.6 左右），按要求进行全池涂刷；第一遍涂刷层初凝后，用相同方法池底和池墙体部分再涂刷 1～2 遍，池顶部分再涂刷 2～3 遍；涂刷时，要水平垂直交替涂刷，不能漏刷。

（二）注意事项

（1）基础密封层施工时，各层抹灰要分层交替抹压密实，避免第一层抹灰层与结构层、第二层抹灰与第一层抹灰之间出现离层现象。

（2）抹灰必须一次抹完，不留施工缝。施工完毕后要洒水养护，夏天更应注意勤洒水养护。池内所有阴角用圆角过度。

（3）表面密封层施工时，密封涂料的浓度要调配合适，不能太稀，也不能太稠。太稀，刷了不起作用；太稠，刷不开，容易漏刷。

（4）涂刷密封涂料的间隔时间为 1～3 小时，涂刷时用力要轻，按顺序水平、垂直交替涂刷，不能乱刷，以免形成漏刷。

思 考 题

1. 砖混组合沼气池池体施工方法及注意事项时什么？
2. 预制板装配沼气池施工方法及注意事项时什么？
3. 现浇混凝土沼气池计算施工方法及注意事项时什么？

第八章 沼气工程常用设备

【知识目标】
    掌握沼气常用设备的知识。
【技能目标】
    沼气常用设备的选用和安装。

第一节 阀 门

一、常用阀门

阀门是沼气管网上的重要设备，要求阀门必须坚固严密，动作灵活，开关迅速，制造与检修都应比较方便，并能抵抗所输送介质的腐蚀。阀门的数量应在满足运行要求的最低限度上，以减少设备投资，并节约维修费用。

二、阀门的种类

阀门的种类很多，沼气常用的有闸阀、截止阀、球阀和旋塞等。

1. 闸阀

在闸阀中流体是沿直线通过阀门的，所以阻力损失小，闸板升降时所引起的扰动也很小，但当存在杂质或异物时，关闭受到阻碍，应该截止的管段不能完全关闭。

闸阀有单闸板和双闸板闸阀之分，而按阀杆的升降又可分为明杆阀门和暗杆阀门。明杆阀门可以从阀杆的高度判断阀门的启闭状态，多用于站房内。暗杆双闸板闸阀如图 8-1 所示。

2. 截止阀

是依靠阀瓣的升降以达到开闭和节流的目的。这类阀门使用方便，安全可靠，但阻力较大。截止阀如图 8-2 所示。

3. 球阀

球阀具有体积小，流通断面与管径相等，动作灵活，阻力损失小，密封性好，操作轻便等特点。如图 8-3 所示。

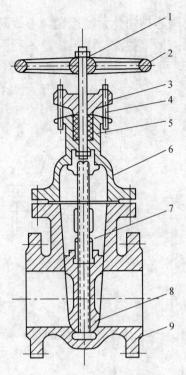

图 8-1　暗杆双闸板闸阀

1—阀杆；2—手轮；3—填料压盖；4—螺栓螺母；5—填料；6—上盖；7—轴套；8—阀板；9—阀体

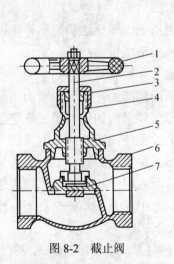

图 8-2　截止阀

1—手轮；2—阀杆；3—填料压盖；4—填料；
5—上盖；6—阀体；7—阀瓣

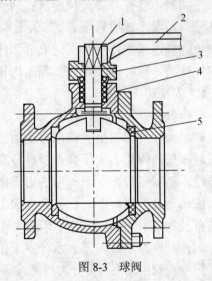

图 8-3　球阀

1—阀杆；2—手柄；3—填料压盖；4—填料；5—密封圈

4. 旋塞

旋塞是一种动作灵活的阀门，阀杆旋转 90℃ 即可达到完全启闭的要求，杂质沉积造成的影响比闸阀小，所以广泛用于燃气管道上。常用的旋塞有两种：一种是利用阀芯尾部螺母的作用，使阀芯与阀体紧密接触，不致漏气，这种旋塞只允许用于低压管道上，称无填料旋塞；另一种称为填料旋塞，利用填料以堵塞旋塞阀体与阀芯之间的间隙而避免漏气。这种旋塞用在中压管道上，直径不大于50毫米。两种旋塞如图8-4及图8-5所示。

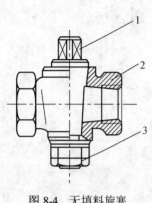
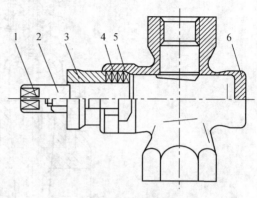

图 8-4 无填料旋塞   图 8-5 填料旋塞

1—阀芯；2—阀体；3—拉紧螺母   L—螺栓螺母；2—阀芯；3—填料压盖；4—填料；
　　　　　　　　　　　　　　　　　　　　5—垫圈；6—阀体

5. 止回阀

又名逆止阀或单向阀，用来防止管道中气流倒流。当产生倒流时，阀瓣自动关闭。

止回阀主要有升降式和旋启式两大类。升降式止回阀的阀瓣垂直于阀体的通道而做升降运动，一般只用于 ϕ200毫米以下的管道上。

止回阀通常用在沼气压送机或储气柜的出口管道上，当压送机突然停电时，防止沼气倒流，这种倒流往往引起压送机的高速反转，造成机械故障。

6. 安全阀

安全阀分弹簧式及杠杆式两种。弹簧式是指阀瓣和阀座之间靠弹簧力密封，杠杆式则是靠杠杆和重锤的作用力密封。当管道或沼气储罐内的压力超过规定值时，气压对阀瓣的作用力大于弹簧或杠杆重锤的作用力，致使阀瓣开启，过高的气压即被排除。随着气压作用于阀瓣的力逐渐减少，阀瓣又被压回到阀座上。

按阀瓣升启高度不同，又分全启型和微启型。全启型的阀瓣开启高度大于阀口喷嘴直径的 1/4；微启型的阀瓣开启高度为喷嘴直径的 1/40～1/4。全启型安全阀泄放量大，回座性能好，燃气系统多采用全启型安全阀。

按安全阀结构不同可分为封闭式和不封闭式。燃气系统多采用封闭式。有的安全阀上带有扳手，扳手的主要作用是检查阀瓣开启的灵活程度，有时还可作人工泄压用。

三、安装阀门时应注意的问题

1. 方向性

一般阀门的阀体上有标志，箭头所指方向即介质向前流通的方向，必须特别注意，不得装反。因为有多种阀门如安全阀、减压阀、止回阀等要求介质单向流通。截止阀为了便于开启和检修，也要求介质由下而上通过阀座。

2. 安装位置

应便于操作维修，同时要兼顾组装外形美观。阀门手轮不得向下，落地阀门手轮朝上，在工艺允许条件下，阀门手轮最好齐胸高，最适宜启闭。明杆闸阀不要安装在地下，以防腐蚀。应根据阀门的工作原理确定其安装位置。

3. 注意事项

在安装时，对各种阀门应核查规格型号，鉴定有无损坏，清除阀口封盖和阀内杂物，检验密封程度，脆性材料（如铸铁）阀门不得受重物撞击。安装旋塞时应注意消除阀内包装物及其污物；安装法兰阀门时，法兰之间端面要平行，不得使用双垫，紧螺栓时要对称进行，用力均匀。

第二节　燃气流量计

为了准确计量沼气站每日的产气量，在向用户供气前的管路上应装有工业流量计。而所选用的仪表应具有高的准确度，宽的流程比，小的压力损失，可靠性高，重复性好等特点，但是，十全十美的仪表是不存在的，都有各自的优缺点，虽然不能达到我们的全部要求，但并不妨碍我们选择合适的产品，通常情况下，仪表选用需考虑以下因素。

（1）仪表性能：流量和总量、准确度等级、重复性、线性度、流量范围和范围度、压力损失、输出信号特性、响应时间。

（2）流体特性：流体温度和压力、流体密度、黏度、化学腐蚀和结垢、压缩系数、多相流。

（3）安装要求：管道布置方向、上下游直管段、管径、维护空间、管道振动、阀门位置、防护性配件、脉动流和非定常流、防攻击破坏。

（4）环境条件：环境温度、环境湿度、防爆及其他安全性、电磁场干扰。

（5）经济性：安装费用、运行费用、检定费用、维护费用、备件备品、其他性价比及技术服务因素。

燃气流量计是一种专门用以测量燃气体积流量或质量流量的仪表。正确使用燃气仪表，保证仪表流量量值的准确和统一，对于节约能源，提高经济效益有着重要作用；流量计的失准，直接影响到国家和消费者的利益。

根据以上选型关注内容，本着经济、合理、实用原则，对适合沼气流量计量选用仪表。

按流量计的计量原理和构造可以分为以下类型。

一、膜式表

在选型上应按燃气设施额定用气量处于仪表的公称流量附近。选择合适规格的单台仪表使用。避免出现"大马拉小车"或"小马拉大车"现象。禁止并联使用，表前后无需直管段。

1. 膜式表构造

由于结构不同而有不少型式，但其计量原理却基本相同。它是使燃气进入容积恒定的计量室，待充满后予以排出，通过一定的特殊机构，将充气、排气的循环次数转换成容积单位（立方米），传递到表的外部计数指示面板上，直接读出燃气所通过的量。由于一个计量室使气体从计量室内部排出比较困难，故一般均设有两个或两个以上的计量室交替进行充气和排气。图8-6是膜式表的构造示意图。

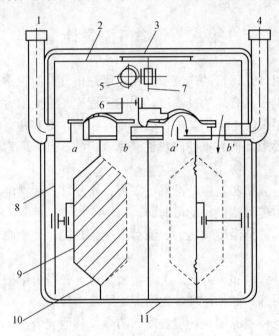

图 8-6   膜式煤气表构造示意图

1—进气口；2—牵动臂；3—连杆；4—出气口；5—涡轮；6—气门盖；7—曲柄；
8—旗杆；9—膜板；10—皮膜；11—外壳

2. 膜式表安装注意事项

（1）采用铜管镶接的20立方米/小时、34立方米/小时膜式表，一般采用挂墙水平安装。

（2）对采用法兰镶接的膜式表，应装在基座上，其高度为200～300毫米。

（3）单只膜式表靠墙安装时，表背与墙面的净距为：57立方米/小时为200毫米；>57立方米/小时为300～400毫米。

（4）膜式表不论是单只装置或多只并联装置，其进出口都必须设置闸阀、旁通管和旁通阀门。旁通管宜明装，且不得设置在膜式表底部。进出口阀门不得与表的法兰直接镶接，一般装于主管上。膜式表的安装见图8-7。

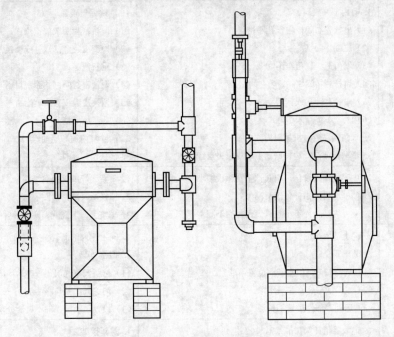

图 8-7 膜式表的安装

（5）法兰镶接的膜式表的进出口，必须装有 ϕ10 毫米的测压表各一只；进出口管径大于 100 毫米的表，应在进口阀门前和出口阀门后的主管上各装 ϕ32 毫米的内螺纹管塞各一只。

3. 膜式表的故障及其排除方法

膜式表的常见故障一般有压力损失大，压力波动大，表慢、表快、漏气，小火失效，通气不走，不通气，表的计数器表面玻璃破碎或模糊不清，计数器指针不正，进出气管丝口损坏，表壳撞坏或漆皮严重剥落等。

表 8-1 膜式表故障原因及其排除方法

故障	产生原因	排除方法
压力损失大	1. 表内运动的零部件机械阻力大 2. 沼气气流通道受阻不畅	1. 检查各运动的零部件灵活性 2. 清除气流通道异物，使通气畅通
压力波动大	1. 皮膜材质过硬 2. 皮膜安装不匀或太小 3. 上牵动臂焊接不当 4. 气门盖和气门座相对位置不当	1. 调换皮膜 2. 重新安装皮膜 3. 重新焊接上牵动臂 4. 调整气门盖位置

续表

故障	产生原因	排除方法
表慢	1. 有内部漏气现象 （1）出气管与隔板出气孔不密封 （2）皮袋盒漏气 （3）气门盖、气门座不吻合、平整 （4）旗杆填料漏气 （5）皮膜有针孔或打褶 （6）大、小垫片未垫好 2. 气门盖黏着，机械阻力大 3. 牵动臂或活动边杆磨损引起皮膜夹盘行程增大	1. 清除漏气现象 （1）调整密封圈或放正位置，并涂密封脂 （2）检查皮袋盒，修补或调换 （3）重新研磨 （4）调换密封圈，并涂密封脂 （5）调换皮膜或重新装配 （6）重新垫平整 2. 清除气门盖和座油污 3. 调换磨损零件
漏气 （指外壳）	1. 皮膜收缩或硬化，引起计量室体积缩小 2. 门框填料或指针轴填料漏气 3. 上下壳结合处不平整或大密封圈不圆整	1. 重新锡焊或调换腐蚀件 2. 调换填料或密封圈 3. 平整上、下壳或调换大密封圈
漏气	1. 同上述内部漏气 2. 装配不良 （1）气门盖、气门座开档位置不准 （2）气门盖与座有黏着现象 （3）运动零部件运转不灵活	1. 同上述内部漏气 2. 调整装配 （1）重新调整气门盖与座运动间隙 （2）消除气门盖与座油污 （3）检查运动零部件不灵活处，并修整
记数器指针	1. 记数器指针未拨准（对"0"位） 2. 记数器指针松动	1. 重新拨准 2. 调换指针
其他	由于其他各种因素引起不同故障或损坏	针对故障情况进行相应的排除或修整

二、罗茨表（或称腰轮流量计）

1. 罗茨表构造

它是一种容积式流量计，但没有像膜式表那样的气门装置。它有一个用铸铁或铸钢制成的壳体，内部装有两个"8"字形的转子，两转子的两轴端分别装有两对同步齿轮，使两转子安装成互为90°并有一定间隙；壳体两端分别设有端盖和齿轮箱，有一根转子轴与计数器输入轴连接，通过减速机构在指示窗上显示计量容积。两转子和壳体、端盖形成了计量室；表的各部件都经过精密的机械加工，各传动部件都装有精密的高级滚球轴承。图8-8为罗茨表的构造图。

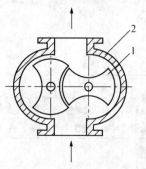

图8-8　罗茨表的构造

1—转子；2—壳体

选型：燃气设施额定用气量处于仪表流量上限的60%～70%。表前必须配过滤器，一般设计为垂直安装，上进下出。无需前后直管段。

2. 安装使用应注意的问题

（1）安装时应选择扰动小，工作压力较平稳的场所，与配管连接时不应给流量计增加外力。

（2）安装前应严格清洗管道，在进出口端安装过滤器，如气体中含有液体时，应装气—液分离器。应经常检查及清洗过滤器，如滤网有破裂，必须及时更换。

（3）流量计进气端应装稳压阀及压力表。流量计应垂直安装，即法兰轴线垂直于地面，由上端进气，下端出气，表头应略高于水平线。流量计安装管路图见图8-9。

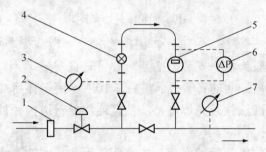

图 8-9　罗茨表安装管路图

1—气体分离器；2—稳压阀；3、7—压力表；4—过滤器；5—罗茨表；6—压差计

（4）安装前必须用汽油或煤油清洗计量室内防锈油并严格清洗管道杂质。

（5）流量计开始运行前，在进油口加入润滑剂达到油标刻线，以后每隔半个月通过油标指示室观察一次，如变色变脏，用干净油置换，加润滑油时必须先卸去流量计内的气压。

（6）仪表要求有压启动（尤其是高压时），防止流量急剧变化，造成计量器具损坏，管道压力不得超过仪表压力传感器的使用范围。

（7）运行一段后流量计的精度若有下降，可用干净汽油清洗计量室内积尘，并重新标定。如过滤器压降增大，应对其清洗或更换过滤介质。

（8）经拆装维修后的流量计必须重新标定，标定装置精度应符合国家计量局规定的精度传递的标准。

三、涡轮气体流量计

1. 涡轮气体流量计

它是在壳体内放置一个轴流式叶轮，当气体流过时，驱动叶轮旋转，其转速与流量成正比，叶轮转动通过机械传动机构传送到计数器上，计数器把叶轮转速累计成立方米容积直接显示；如配置脉冲变送器后可实现远距离传送。

涡轮气体流量计具有精度高，耐高压，耐腐蚀，量程比一般为 10:1，使用流体温度范围广等特点。尤其是可以计量含有少量轻质油和水的天然气。涡轮气体流量计的安装如图8-10所示。

2. 安装使用中的注意事项

（1）安装前先用微小气流吹动叶轮时，叶轮能灵活转动，无不规则噪声，计数器转动正常，无间断卡滞现象，则流量计可安装使用。

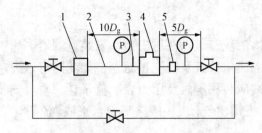

图 8-10 涡轮流量计安装图

1—过滤器；2—直管段；3—温度计；4—涡轮流量计；5—泄压阀

（2）该流量计一般为水平安装，必要时亦可垂直安装。

（3）过滤器至流量计间的直管段长度应≥$10D_g$；流量计后端直管段长应≥$5D_g$。

（4）直管段与标准法兰须先焊好，法兰盘连接处管道内径处不应有凸起部分，焊好后与流量计相连接。

（5）如对流量计的机芯拆散修理，在重新使用前，需按最大使用压力进行密封试验。

（6）定期向滚动轴承注油孔内注入 T_4 号精密仪表油或变压器油，一般 3～6 个月注油一次；如条件恶劣、工作负荷大则应 15～30 天注油一次。

（7）流量计出厂超过半年，应先注油、标定后，方可投入使用。

四、涡街流量计

1. 涡街流量计的构造及特点

它是利用流体绕流一柱状物时，产生卡门涡街这一流体振动现象制成的流量计。该流量计由装在管道内的检测器（检测元件）、检测放大器及流量显示仪组成，见图 8-11。

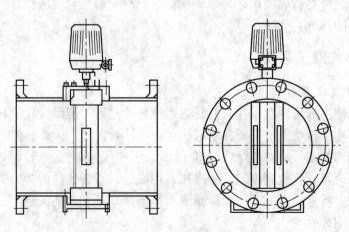

图 8-11 涡街流量计结构示意图

涡街流量计的特点是：

（1）流量范围广，在较宽的雷诺数范围内输出频率与介质流速成良好的线性关系。

（2）因无运动部件，所以不会产生压差的变化，使用寿命长。

（3）压力损失小，输出的是与流速成正比的脉冲频率信号、抗干扰能力强。可用于计量各种气体、液体和蒸汽。

（4）耐腐蚀，传感器表体零件采用 1Crl8Ni9Ti 材料制成。

（5）涡街流量传感器有法兰型和无法兰卡装型两种，它可以任意角度安装于管道上。

（6）信号可远距离传输，1000 米距离不失真，可与计算机连用，实现集中管理。

2. 安装注意事项

（1）在涡街流量计传感器的上游侧应保证有≥12D 的直管段，下游侧直管段长度为≥5D。

（2）在涡街流量计上游应尽量避免安装调节阀和半开状的阀门，必须安装时按表 8-2 配置前直管段。

表 8-2　涡街流量传感器前管段

传感器前管道附件	前直管段长度	传感器前管道附件	前直管段长度
同心收缩全开闸阀	>15D	不同平面两个 90°弯头	>40D
一个 90°弯头	>20D	调节阀，半开阀门	>50D
同一平面两个 90°弯头	>25D	—	—

（3）如需要测压时，测压点设置在上游管道距离表体 1～2D，当需测温时，测温点设在下游管道距离 3～5D 处。

（4）与涡街流量传感器相接的管道，其内径应尽可能与传感器内径一致，若不一致应采用比传感器内径略大一些的管道，避免流体在表体内为扩管现象。

第三节 污 泥 泵

泵是各种泵送流体机械的总称，一般常用泵送物的名称来区分，如将泵送污水或污泥的称为污水泵及污泥泵。

泵按其形式和构造可以分为两大类，即容积式和叶轮式。在容积式的泵中又有螺杆泵、活塞式、齿轮式、转动滑片式；在叶轮式中又包括了离心式和轴流式两种。在沼气工程中利用最多的污泥泵主要是叶轮式。

一、离心式泵

图 8-12 为单级离心水泵的简图，离心水泵的主要工作部分是工作轮，它有叶片

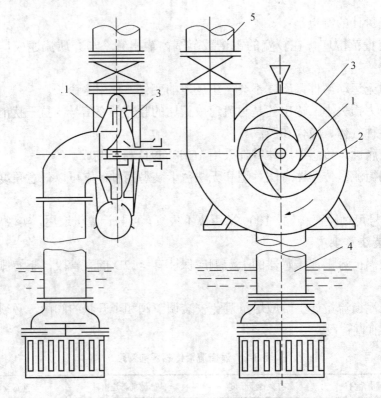

图 8-12　单级离心水泵简图

1—工作轮；2—叶片；3—机壳；4—吸水管；5—压水管

安装在螺旋形机壳内的泵轴上。泵壳借接头与吸水管和压水管相连接。

在开动水泵之前，先使泵壳和吸水管路充满液体。当叶轮转运时，充满于叶片之间的槽道中的液体，在离心力的作用下，从叶轮中心被甩出，液体高速从叶轮流出，流过螺旋室，然后流向压水管。

同时，在水泵中产生了真空，由于在吸水面上大气压力的作用，水就经过吸水管路而流进水泵。螺旋形机壳是用来将叶轮流出的液体平稳地引向压水管路，并逐渐地减小液体的流速，以达到化动能为压力能的目的。

国产 PW 型（卧式）及 PWL 型（立式）离心污水泵，PN 浓浆泵因不能抽吸较大颗粒及长纤维的杂质，极易造成泵的堵塞，因此，近年来相继研制了高效无堵塞排污泵系列，其中有 QW 潜水式、LW 立式、YW 液下式及 GW 管道式等。该系列泵的主要特点是叶轮具有很大的流道，所以能够通过大的物料及纤维垃圾，减少堵塞、缠绕等故障。另外，该系列泵采用最先进的机械密封装置，泵轴及紧固螺丝全部采用不锈钢材料，强度高，抗腐蚀能力强，并配三相漏电保护器，能可靠保证电机安全。

该系列泵排出口径为 40～200 毫米，流量为 15～30 立方米/小时，扬程为 7～30 米，功率为 0.75～37 千瓦。

1. QW 潜水式无堵塞排污泵

该泵不用安装，接上管子，将泵放入水底摆平即可使用。

（1）使用条件：

① 介质温度不超过 45℃；

② 介质平均密度不超过 1500 千克/立方米；

③ 被抽送液体的 pH 值为 5～9；

④ 在长时间的运行中，电机露出液面部分不超过电机高度的 1/2。

（2）使用要求：

① 首先检查外部紧固件是否在运输中松动；

② 接通电源试转一下，看叶轮是否按泵上指示方向旋转，如方向倒转，将电缆中的任何二相线对调即可；

③ 检查电缆中入口密封和电缆是否完好，如发现漏电漏水应预先处理；

④ 泵体进口处的叶轮与油封之间间隙如超出 2mm 时应更换耐磨油封；

⑤ 在正常使用条件下，累计运行 1000 小时后，应更换机体内的机油，工作 3000 小时后，应更换磨损件和轴承的润滑脂。

（3）常见故障原因：

① 不出水或流量不足，被抽送的液体重度过高或粒度过大，液体管道堵塞；叶轮转向错；管道出口高度超出额定扬程高度；

② 电压低，绝缘电阻低，机械密封漏水，电机接线端漏水或电缆破损。

2. YW 液下式无堵塞排污泵

该泵适合安装在污水池或水槽的支架上，电机在上，泵淹没在液下，可用于固定或移动的地方。伸入池下深度为 1～2.5 米等不同规格，按用户的使用要求选择。抽送介质温度不超过 80℃。pH 值为 6～9。

安装要求：①泵的吸入口距离池底部应大于 150 毫米；②电机在未安装前，应接通电源试转，检查旋转方向，如相反，须对调三相中的任何二相电源；③装上电机，盘动联轴器，检查泵轴与电机是否同心，联轴器转动一周，端面的间隙不超过 0.3 毫米。

二、轴流式泵

该泵工作也是靠一叶轮，但和离心式泵不同。轴流式叶轮好像是一个螺旋桨，当叶轮旋转时，依靠叶片的推力将液体压出。液体是从轴向吸入并从轴向压出的，故根据液体在泵内的流动方向而叫做轴流式。又因工作轮是一螺旋桨，所以又称螺旋桨式水泵。螺旋桨式水泵具有很高的效率，水泵的外径即吸水管的直径，因此水泵的体积和重量都减小了。

ZW 系列自吸式无堵塞排污泵基本上属于这种结构，它采用轴向回流外混式，并通过泵体、叶轮流道的独特设计，即可像一般自吸清水泵那样不需要安装底阀和灌引水，又可吸提含有大颗粒固体直径为出口口径的 60%和纤维长度为叶轮直径 1.5 倍的杂质液体。

ZW 系列自吸式无堵塞排污泵，主要由泵体、叶轮、口环、后盖、机械密封、泵轴、轴承座、进口阀、气液分离管，加水螺栓、进排接管等组成，见图 8-13。

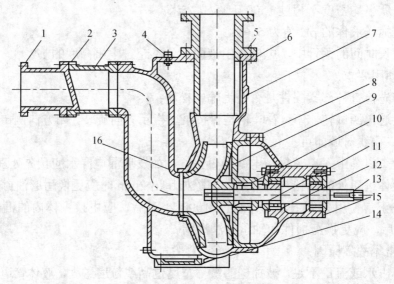

图 8-13　自吸式无堵塞排污泵结构

1—进口接管；2—进口阀；3—中接管；4—加水螺栓；5—出口接管；6—泵体；7—气液分离管；8—后盖；9—叶轮；10—机械密封；11—挡水圈；12—轴承座；13—泵轴；14—轴承盖；15—底盖板；16—口环

泵的工作原理：泵体内设有储液腔，并通过上方的回流孔和下方的循环孔与泵工作腔相通，构成泵的轴向回流外混式系统。泵停止工作后，泵内腔已储有一定容积的液体。当泵启动时，泵内的储液在叶轮的作用下，夹带着空气被向上抛出，液体通过气液分离管的网格回流到工作腔，气体被排出泵外，使泵内形成一定的真空度，达到自吸的作用。

使用要求

（1）检查泵底座、联轴器、轴承座等连接部位的紧固件有无松动。

（2）用手转运联轴器是否有卡滞或异声等现象。

（3）拧开泵上方的加水螺栓，加入储液水不少于泵体容积的 2/3。旋紧螺栓，以后开机不需灌引水。

（4）接上电源试转一下，从电机端看应为顺时针转向。

（5）开机后观察泵运行是否正常，若有异常现象，应找出原因加以排除。

三、螺杆泵

1. 工作原理

螺杆泵是一种单螺杆式输运泵，它的主要工作部件是偏心螺旋体的螺杆（称转子）和内表面呈双线螺旋面的螺杆衬套（称定子）。其工作原理是当电动机带动泵轴转动时，螺杆一方面绕本身的轴线旋转，另一方面它又沿衬套内表面滚动，于是形成泵的密封腔室，液体被吸进入螺纹与泵壳所包围的密闭空间。螺杆每转一周，密封腔内的液体向前推进一个螺距，随着螺杆的连续转动，液体按螺旋形方式从一个密封腔压向另一个密封腔，最后挤出泵体。由于螺杆等速旋转，故流量均匀。其结构如图8-14所示。

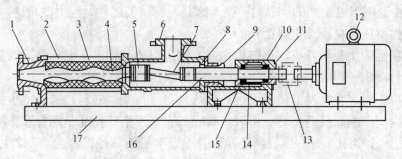

图 8-14　螺杆泵

1—出料腔；2—拉杆；3—螺杆胶套；4—螺杆轴；5—万向节总成；6—吸入口体；
7—连节轴；8—填料器；9—填料压盖；10—轴承座；11—轴承盖；12—电机；
13—联轴器；14—轴套；15—轴承；16—传动主轴；17—底座

由于各螺杆相互啮合，以及螺杆与衬筒内壁紧密配合，在泵吸入口与排出口被分割成一个或者多个密闭空间，随着螺杆的移动与啮合，密闭空间在泵的吸入端不断形成，将吸入室的液体密封其中，并从吸入室连续推移至排出端，将封闭中的液体不断排出。

2. 螺杆泵的优、缺点

螺杆泵是一种新型的输送液体的机械，具有结构简单、工作安全可靠，使用维修方便、出液连续均匀、压力稳定等优点。一种利用螺杆的旋转来吸排液体的泵，它最适于吸排黏稠液体。

从上述工作原理可以看出，螺杆泵有以下优点。

（1）压力和流量范围宽阔。压力约在 $3.4\sim340\text{kgf/cm}^2$，流量可达 18600 立方厘米/分钟；

（2）运送液体的种类和黏度范围宽广；

（3）因为泵内的回转部件惯性力较低，故可使用很高的转速；

（4）泵内流体流动时容积不发生变化，没有湍流搅动和脉动；流量均匀连续，振动小，噪声低；

（5）吸入性能好，具有自吸能力；

（6）与其他回转泵相比，对进入的气体和污物不太敏感；可输送各种混合杂质含有气体及固体颗粒、含固量可达 50%（或纤维介质），也可输送各种腐蚀性物质；

（7）结构坚实，安装保养容易。

螺杆泵的缺点是螺杆的加工和装配要求较高，泵的性能随液体的黏度变化比较敏感。

3. 螺杆泵选择方法

螺杆泵选用应遵循经济、合理、可靠的原则。

（1）通过减速机或无级调速机构来降低转速，使其转速保持在 300 转/分钟以下较为合理的范围内，与高速运转的螺杆泵相比，使用寿命能延长几倍。

（2）在选用国内生产的产品时，在考虑其性价比的时候，选用低转速，长导程，传动量部件材质优良，额定寿命长的产品。

（3）在泵前加装粉碎机、安装格栅或滤网，阻挡杂物进入螺杆泵，以免对螺杆泵的橡胶材质定子造成损坏，对于格栅应及时清捞以免造成堵塞。

（4）决不允许在断料的情形下运转螺杆泵，一旦发生断料，橡胶定子由于干摩擦，可在瞬间产生高温而烧坏。所以，粉碎机完好，格栅畅通是螺杆泵正常运转的必要条件之一，为此，有些螺杆泵还在泵身上安装了断料停机装置，当发生断料时，由于螺杆泵其有自吸功能的特性，腔体内会产生真空，真空装置会使螺杆泵停止运转。

（5）保持恒定的出口压力，螺杆泵是一种容积式回转泵，当出口端受阻以后，压力会逐渐升高，以至于超过预定的压力值。此时电机负荷急剧增加。传动机械相关零件的负载也会超出设计值，严重时会发生电机烧毁、传动零件断裂。为了避免螺杆泵损坏，一般会在螺杆泵出口处安装旁通溢流阀，用以稳定出口压力，保持泵的正常运转。

（6）螺杆泵因工作螺杆长度较大，刚性较差，容易引起弯曲，造成工作失常。对轴系的连接必须很好对中；对中工作最好是在安装定位后进行，以免管路牵连造成变形；连接管路时应独立固定，尽可能减少对泵的牵连等。此外，备用螺杆，在保存时最好采用悬吊固定的方法，避免因放置不平而造成的变形。

4. 螺杆泵操作注意事项

（1）螺杆泵应在吸排停止阀全开的情况下起动，以防过载或吸空。

（2）螺杆泵虽然具有干吸能力，但是必须防止干转，以免擦伤工作表面。

（3）假如泵需要在油温很低或黏度很高的情况下起动，应在吸排阀和旁通阀全开的情况下起动，让泵启动时的负荷最低，直到原动机达到额定转速时，再将旁通阀逐渐关闭。当旁通阀开启时，液体是在有节流的情况下在泵中不断循环流动的，而循环的油量越多，循环的时间越长，液体的发热也就越严重，甚至使螺杆泵因高温变形而损坏，必须引起注意。

（4）螺杆泵工作时必须按既定的方向运转，以产生一定的吸排。泵工作时，应注意检查压力、温度和机械轴封的工作。对轴封应该允许有微量的泄漏，如泄漏量不超过 20～30 秒/滴，则认为正常。假如泵在工作时产生噪声，这往往是因油温太低，油液黏度太高，油液中进入空气，联轴节失中或泵过度磨损等原因引起。

（5）螺杆泵停车时，应先关闭排出停止阀，并待泵完全停转后关闭吸入停止阀。

5. 污泥泵的选择

（1）根据工程上所要求的流量（立方米/小时）及扬程（米）可以从制造厂的产品样本中的选择曲线进行选择，该曲线表示某一泵的最经济的工作范围。

（2）水泵机组工作泵的总抽升能力，应按进水管的最大时污水流量设计，并应满足最大充满度时之流量要求。

（3）尽量选用类型相同（最多不超过两种型号）和口径相同的水泵，以便于检修，但还须满足低流量时的需要。

（4）型号说明。

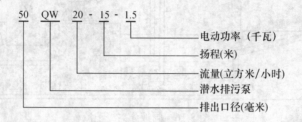

第四节　固液分离设备

大中型沼气工程，无论是处理酒精废醪还是禽畜粪水，常要对其污水进行固液分离。固液分离机种类繁多，总体上分为三类，即筛分、离心分离和过滤。

一、螺旋挤压式固液分离机

该机主要由机体、螺旋推进器、筛网、卸料门、减速机、振动　电机、进料泵、搅拌电机、配重、电控箱组成（见图 8-15）。

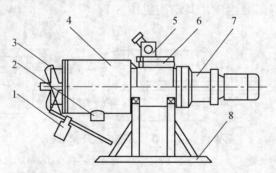

图 8-15　LJG-1 型螺旋挤压式固液分离机示意图

1—配重块；2—出水口；3—卸料装置；4—机体；5—振动电机；6—进料口；7—传动电机及减速器；8—支架

该机主要特点是：

（1）连续自动进料、出料；

（2）由配重调节分离后的干物质含水率低；

（3）进料泵的进料口带有切割刀头，可将小的杂物切碎，保护分离机筛网和搅拢；

（4）筛网为浮动式，使物料在机体内布料均匀，减少搅拢磨损；

（5）接触物料的部件均采用不锈钢材料制成。

螺旋挤压式固液分离机的附属配件有：①防堵塞污泥泵（功率4千瓦）；②污泥搅拌机（功率4千瓦）；③配电箱；④配套管道及污泥泵、提升装置。其工艺流程图见图8-16。

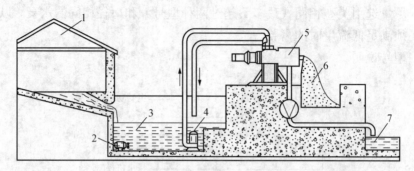

图8-16 固液分离工艺流程

1—畜禽舍；2—搅拌机；3—粪污池；4—污泥泵；5—挤压机；6—固形物；7—粪稀池

二、LW-400 卧式螺旋沉降离心机

以酒精废液为代表的高浓度工业有机废水浓度高，黏度大，含沙量多、固形颗粒软，因此，疏水性较差。用带式压滤、真空过滤、螺旋挤压等多种固液分离方式，均不能收到满意的效果。中国农业工程研究设计院对通用型卧式沉降离心机进行了改制，有效地解决了这个问题。

LW-400 卧式螺旋沉降离心机主要由无孔的转鼓、螺旋推料器，差转速器，机身、机壳和电控柜等部分组成，其结构见图8-17。

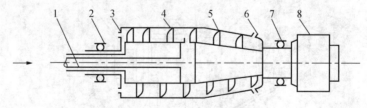

图8-17 Lw-400卧式螺旋沉降离心机

1—加料管；2—左轴承座；3—溢流口；4—转鼓；5—螺旋；6—排渣口；7—右轴承座；8—差速器

该机的工作原理是. 转鼓与螺旋推料器同心安装，两者之间借助于差速器以一定的差转速同向高速旋转。由于螺旋推料器的转速比转鼓转速每分钟快 3%，在离心力的作用下，使从进料管引入机中的物料，其中密度较大的固相颗粒沉积在转鼓壁上，由螺旋叶片将其推向转鼓小端的排渣孔推出；密度较小的澄清液通过螺旋叶片的缝隙，在水压下由大端溢流口流出。它是一种连续进料分离的高效分离设备。

三、带式过滤机

带式过滤机包括辊压型和挤压型两种。下面重点介绍江苏启东市环境工程设备厂生产的 DYQ 型带式压榨过滤机。

1. 作用原理及脱水过程

DYQ 型带式压榨过滤机由旋转混合器、若干个不同口径辊筒以及滤带组成,见图 8-18。

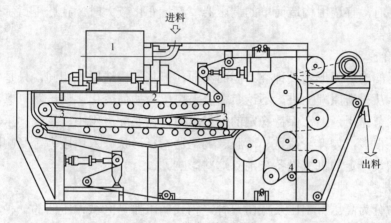

图 8-18 带式压榨过滤机

1—旋转混合器;2—重力脱水段;3—"楔"形压榨段;4—"s"形压榨段

污泥经过投加絮凝剂,在旋转混合器 1 内进行充分混合,反应后流入重力脱水段 2,由于脱去大部分自由水,而使污泥已失去流动性。再经"楔"形压榨段 3,由于污泥在"楔"形压榨段中,一方面使污泥平整,另一方面受到轻度压力,使污泥再度脱水,然后喂入"S"形压榨段中,污泥被夹在上、下两层滤带中间,经若干个不同口径的辊筒反复压榨,这时对污泥造成剪切,促使滤饼进一步脱水,最后通过刮刀将滤饼刮落,而上、下滤带进行冲洗重新使用。

2. 带式过滤机的特点

(1)滤饼含水率低:由于应用了高分子絮凝剂和本机的特殊结构,使污泥滤饼的含水率比以前污泥脱水机的含水率低 5%～15%。

(2)污泥处理能力大:由于本机连续运行,重力脱水部分长,并采用反转机构,提高了初期脱水效果,从而大大增加了污泥的处理能力。

(3)操作管理简便:运行中根据污泥性能、进泥量多少投加不同絮凝剂,可自由调整滤带张力和滤带移动速度,滤带设有跑偏自动校正装置。

(4)该机无振动、无噪声、耗能低。

3. 主要配套设备

包括空气压缩机、冲洗滤带水泵、水泵吸水管隔滤器、污泥调节泵(螺杆泵)、加药泵、调药搅拌槽、污泥混合器、静态混合器、皮带传送器及电气集中控制板等。

四、调压器

在高压输供气系统中，调压器是用于调节沼气供应压力的降压设备。在设计所规定的范围内，当入口压力或负荷发生变化时，能自动调节出口压力使其稳定在规定的压力范围内。

调压器的调压动作必须灵敏可靠，且不发生振动，选用时应根据沼气的需要情况、入口和出口压力的大小、使用条件等来选定适宜的类型和规格。一般来说。当流量变化小时，宜选用构造简单的调压器，流量变化较大时，宜选用指示式或动力指示式调压器。

1. 工作原理

调压器的构造因形式及种类不同而不同，但基本构造原理相同，只是辅助装置有所变化。从构造原理上讲，不论负荷及入口压力如何变化，调压器可以通过重块或弹簧的调节作用，经常保持稳定的供气压力。在实际应用中，影响调压器正常运行的因素还很多，如弹簧荷重、薄膜、调压器本身形状、入口压力等影响因素。所以，还需增设一定的机械设备来消除这些影响。

2. 调压器的种类

按压力分为高压、中压及低压三种。箱式调压器是区域调压器的一种。一般安装在地上，用于中压，设在住宅区的角落处，沼气经减压后向附近居民供气。而用户调压器用于用户附近，没有低压管道而需要从中压或高压管道直接供气，为了保证燃具的正常燃烧，用户的使用压力不会受到干管压力波动的影响，可在燃气表前装设用户调压器的方法以降低用户所需压力。

调压箱由过滤器、调压器、阀门、连接管道及箱体等组成。

3. 调压器的选择

（1）应满足进口燃气的最高、最低压力的要求。

（2）调压器的压力差应根据调压器前燃气管道的最低设计压力与调压器后燃气管道的设计压力之差值确定。

（3）调压器的计算流量，应按该调压器所承担的管网小时最大输送量的 1.2 倍确定。

4. 调压箱（柜）的安装

调压箱（柜）的安装（见图 8-19）。

（1）调压柜的安全放散管管口距地面的高度不应小于 4 米；设置在建筑物墙上的调压箱的安全放散管管口应高出该建筑物屋檐 1.0 米。

（2）自然条件和周围环境许可时，宜设置在露天，但应设置围墙、护栏或车挡。

（3）设置在地上单独的调压箱，对居民和商业用户燃气进口压力不应大于 0.4 兆帕；对工业用户（包括锅炉房）燃气进口压力不应大于 0.8 兆帕。

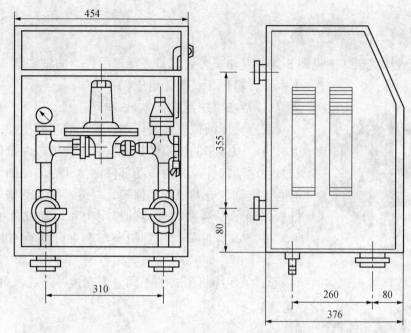

图 8-19　调压箱

（4）中压、次高压调压柜距建筑物外墙面水平净距 4.0 米；距重要公共建筑、一类高层民用建筑水平净距为 8.0 米。

（5）调压箱距建筑物的门、窗或其他通向室内的孔槽的水平净距：

① 当调压器进口燃气压力不大于 0.4 兆帕时，不应小于 1.5 米；

② 当调压器进口燃气压力大于 0.4 兆帕时，不应小于 3.0 米。

（6）调压箱不应安装在建筑物的窗下和阳台的墙上。

（7）调压箱上应有自然通风孔。

五、压缩机

（一）活塞式压缩机的工作原理

当曲轴旋转时，通过连杆的传动，活塞便做往复运动，由气缸内壁、气缸盖和活塞顶面所构成的工作容积则会发生周期性变化。活塞从气缸盖处开始运动时，气缸内的工作容积逐渐增大，这时，气体即沿着进气管，推开进气阀而进入气缸，直到工作容积变到最大时为止，进气阀关闭；活塞反向运动时，气缸内工作容积缩小，气体压力升高，当气缸内压力达到并略高于排气压力时，排气阀打开，气体排出气缸，直到活塞运动到极限位置为止，排气阀关闭。当活塞再次反向运动时，上述过程重复出现。总之，曲轴旋转一周，活塞往复一次，气缸内相继实现进气、压缩、排气的过程，即完成一个工作循环。

（二）活塞式压缩机的组成

活塞式压缩机（参见图8-20）是由机体、气缸、活塞组件、曲轴轴承、连杆、十字头、填料、气阀等组成。

1. 活塞式压缩机机体

图8-20 活塞式压缩机

活塞式压缩机机体是压缩机定位的基础构件，一般由机身、中体和曲轴箱（机座）三部分组成。机体内部安装各运动部件，并为传动部件定位和导向。曲轴箱外部连接气缸、电动机和其他装置。运转时，活塞式压缩机机体要承受活塞与气体的作用力和运动部件的惯性力，并将本身重量与压缩机全部和部分的重量传到基础上。

活塞式压缩机机体的结构形式随压缩机形式的不同分为立式、卧式、角度式和对置型等。

2. 活塞式压缩机气缸

活塞式压缩机气缸是压缩机产生压缩气体的重要部件，由于承受气体压力大、热交换方向多变、结构较复杂，故对其技术要求也较高。

3. 活塞式压缩机活塞组件

活塞式压缩机活塞组件由活塞、活塞环、活塞杆（或活塞销）等部分组成，活塞与气缸组成压缩容积，通过活塞组件的往复运动来完成活塞式压缩机中气体的压缩循环过程。

4. 填料

填料是阻止气缸内的压缩气体沿活塞杆泄漏和防止润滑油随活塞杆进入气缸内的密封部件。

5. 活塞式压缩机气阀

活塞式压缩机气阀是压缩机上直接影响运行经济性和可靠性的最重的部件之一。

（三）活塞压缩机的特点

1. 优点

（1）适用压力范围广，不论流量大小，均能达到所需压力；

（2）热效率高，单位耗电量少；

（3）适应性强，即排气范围较广，且不受压力高低影响，能适应较广阔的压力范围和制冷量要求；

（4）可维修性强；

（5）对材料要求低，多用普通钢铁材料，加工较容易，造价也较低廉；

（6）技术上较为成熟，生产使用上积累了丰富的经验；

（7）装置系统比较简单。

2. 缺点

（1）转速不高，机器大而重；

（2）结构复杂，易损件多，维修量大；

（3）排气不连续，造成气流脉动；

（4）运转时有较大的振动。

第五节　沼气池出料设备

随着农村养殖业的发展，农村户用沼气发酵原料已由过去的以秸秆原料为主变为以人畜粪便为主，所以出料设备主要是各种泵。

一、人力活塞泵

农村沼气池用肥常采用人力活塞出料器，又名手提抽粪器。它具有不耗电，制作简单，造价低，经久耐用，不需撬开活动盖，能抽起可流动的浓粪，适应农户用肥习惯等特点。这种出料方式适宜于从事农业生产的农户小型沼气池。使用时注意当压力表水柱出现负压时应打开沼气开关与大气连通。

手提抽粪器制作简单，活塞筒常采用 110 毫米的 PVC 管制作，长度小于沼气池总深（不含池底厚）250 毫米左右，筒中放入活塞，活塞由活塞片（图 8-21）和手提拉杆组成。

手提抽粪器的活塞筒常安放在出料间壁挨近主池的位置上，上口距地面 50 毫米，下口离出料间底 250 毫米左右。在出料间旁边挨近抽粪器处建深约 500 毫米，直径约 500 毫米的小坑，用于放粪桶。小坑与抽粪器之间用 110 毫米的 PVC 管连接。在活塞筒上挨小沟处开一小口，抽粪器抽取的浓粪经小口 PVC：管后进入粪桶。工作简图如图 8-22 所示。

图 8-21　活塞底盘和橡胶片

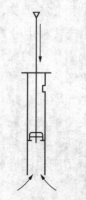

图 8-22　人力泵示意图

二、机动液肥泵

机动液肥泵是一种用电动机或柴油机作动力的机械化出肥泵。它具有出料速度快的特点，适用于农村养猪专业户或集约化养殖场、生态农场修建的中型或较大型的沼气池，但必须建有贮粪设施。采用机动液肥泵出肥时应注意，当压力表水柱出现负压时应打开开关，或采用间歇性出肥，负压不得超过 500 帕。农村沼气池常采用的机动液肥泵是出口直径 50 毫米或 75 毫米的自吸式离心泵，依靠叶轮和泵壳之间的容积变化以及叶轮对物料的作用力，完成从沼气池中吸出沼肥。

（一）分类

根据传动和动力配置及其特征，机动液肥泵可分为以下几类：

1. 钢轴传动带泵下池式

这种类型的沼肥泵，由于泵体重，搬动、安装很不方便，动力又局限于电动机。并且泵体下池，易受腐蚀，有时泵脱落还会损坏池子，因此，推广受到限制。

2. 软轴传动带泵下池式

这种型式的沼肥泵由于动力机在池外，减轻了下池机具的重量，安装也比较方便。并因带有切割装置，有一定的切断秸秆，杂草的能力。但是，动力是用软轴传动的，曲率半径要求大于 500 毫米才能使用，需要改进软轴制造质量和使用方法，否则，软轴使用寿命将受到影响。

3. 皮管下池式（即自吸式）

这种型式的沼肥泵，其泵体和动力都在池外，安装、使用都很方便。使用时，用池液将液肥层和沉渣层搅混后，渣、液一起吸出池外。动力可用电动机，亦可用柴油机，适应当前我国某些无电力供应的农村。但是，搅拌不均匀时，吸渣效果较差。这种沼肥泵在很大程度上；依赖机手操作的熟练程度。

（二）工作原理

沼肥泵选用 175 型柴油机或 3 千瓦电动机直联配套，动力机安装在推车式通用机架上，短距离转移十分方便；泵与动力采用软轴直联，使泵能在一定范围内活动，从而提高了出料作业的灵活性；软轴加有保险装置，在负荷突然增加时，不致使软轴受到损坏，泵采用液下式，不必灌注引水，便于频繁启动，随泵配有三脚形起吊架，用于小池出料时，泵可在起吊架上自由升降，以适应池内液面的变化，泵装有切割刀片，能将池内未腐烂的秸秆、杂草切碎泵出，泵配带有搅拌用喷头，需要搅拌时，装上喷头，利用泵出的液体进行回流搅拌，既经济又简单。

工作时，沼肥泵的叶轮在原动机（经过软轴传动）的带动下，高速旋转，产生离心力。

离心力使液肥的压能和动能增加，一方面液肥在离心力的作用下，甩向叶轮外缘，再经过泵体流道压入出肥管（排液）；另一方面，在叶轮的中心处形成真空，液肥在大气压力的作用下，压入叶轮进口（吸液）。于是，叶轮不断地旋转，即形成了连续的抽肥过程。

三、液肥车

液肥车是沼气出肥机具，它具有抽取速度快，抽、运合一，不需设置贮粪池等特点。适用于农村较大型的猪场、农场修建的大、中型沼气池。采用液肥车出肥时应注意，当压力表出现负压时应打开开关。

7YF-1000 液肥车是一种与小型机动车配套的吸装和运载液肥的装置，它由粪罐和手扶式拖拉机或小四轮车组成，利用机动车的动力，自吸式抽取能流动的粪液，并利用机动车的动力把液肥运到用肥的地方，还可利用机动车的势能进行田间施肥。罐体常为 0.8～1.0 立方米，一般 8 分钟左右能抽取一个罐，沼气池出料间离机车的位置一般不超过 20 米。

该出料装置结构简单，配套容易，使用简便，既可用于各种沼气池的出肥、运肥和施肥，又可用于厕所、粪窖等流动性肥料的出肥、运肥和施肥。

（一）结构

该机由动力部分、密封液罐、吸液管、抽气装置等四大部分组成（图 8-23）。

动力部分用工农-12 型手扶拖拉机或小四轮拖拉机作配套动力。

密封液罐用 3～4 毫米厚钢板焊接成椭圆柱形，其前方设有人孔，人孔盖上安装有液面指示器和停止抽气阀。液罐后方底部装有吸、排液软管，软管尾部装有滤网。液罐底部有拖车架，并装有刹车机构，以保持停车平稳安全。

吸气装置由活套在拖拉机柴油机排气管上的排气引射器和吸气软管组成。

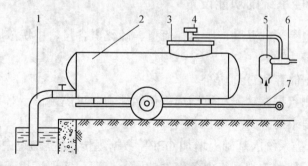

图 8-23 自吸式液肥车

1—吸液管；2—液罐；3—人孔盖；4—指示器；5—拖拉机排气管；6—排气引射器；7—拖车架

（二）工作原理

工作时，将排气引射器活套在柴油机排气管上，此时，柴油机燃烧废气经排气引射器排出。由于排气气流速度很高（超过音速），在喷嘴与扩散管之间形成低压区，因为射流的卷吸作用，将引射室内空气带走，密封液罐内的空气不断减少，残存气压不断降低，真空度上升。位于沼气池内的液肥，在大气压力的作用下，经吸排液管进入液罐，补充液罐真空区，直到液罐充满为止。

当液罐内液面充满到预定位置时，液面将安全阀浮子升起，阀杆也随浮子上升，与阀杆连为一体的通气阀上升，空气进入密封液罐，破坏了真空度，使吸液停止。同时，使位于阀杆顶部的红色指示器上升，完成吸液过程，将吸液管抬高，放在液罐上就可以运输。

排除液罐内的液肥时，只需将吸排液软管从液罐上取下，人为地打开通气阀，使外界空气进入液罐，破坏罐内真空，液肥在重力作用下，就可以顺利排出。

第六节　沼气工程自动化系统

目前在我国大中型沼气工程中，虽然少数沼气站对系统工艺过程进行了监视，但并没有真正实现自动控制。随着逐年建站数量的增加，有必要采用机电一体化设备及实时控制装备系统，使沼气站中需要的参数一目了然地显示在操作台上，并且可以自动控制沼气工程中某项工艺流程，已成为此项技术的关键。

沼气站的自动监控系统由信号采集、数据处理、数据显示三部分构成。主要工作原理是通过在工程系统合适的位置安装各种传感元件，对温度、压力、流量等参数进行自动收集处理并传输给计算机。工作人员在办公室简单操作电脑就能掌握站内各主要参数，监测工程运行情况，发现各类故障和危险隐患，便于管理人员排除故障隐患完成日常运行管理。

一、自动监控系统的功能设置

（1）主要监测参数：温度、压力、流量、硫化氢含量、甲烷浓度等。

（2）自动报警功能。

（3）具有数据储存和查询功能。

（4）具有监测点扩充功能和数据远程传输能力，可满足日后对系统监测参数扩充和远程监视的要求。

（5）在原有监控系统的基础上增加 GPRS 数据远传系统，通过中国移动的 GPRS 网络，管理部门可任意监视网络内各气站的运行情况，实现远程无线监视。真正实现覆盖面广、系统延时小、数据实时在线、误码率低的监视，实现对各区县沼气站的统一监控和分布式管理。

下面以沼气净化输配集中监视系统为例，其工艺流程图如图 8-24 所示：

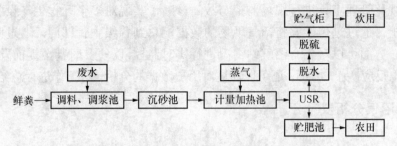

图 8-24 沼气净化系统流程

北京市公用事业科学研究所（以下简称科研所）从 20 世纪 80 年代开始对沼气的净化利用进行研究，形成了一整套可再生能源领域的自主知识产权，适用于大中型沼气工程的关键技术——沼气净化输配集中监视系统，并将这些技术应用于实际的示范工程中。根据以上工艺流程，运用组态软件，系统流程图如图 8-25 所示。

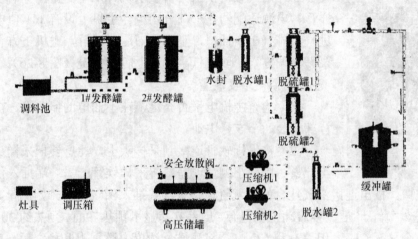

图 8-25 沼气净化输配集中监视系统

沼气净化输配集中监视系统使用远程监控技术，将工艺过程中的所有运行参数及状态远传给中央监控和管理系统。实现现场数据采集传输服务器和监控室的上位机之间的数据交换。

二、系统主要功能

此监视系统基于"集中管理，分散控制"的工业控制模式，建立技术先进、稳定可靠、经济实用且便于二次扩展的集监视和计算机调度管理于一体的监视系统，并且系统具备良好开放性，以完成对整个沼气净化输配系统各环节变量参数进行实时跟踪显示。工艺流程以直观醒目的方式呈现画面上。而且，还可以根据客户的要求提供多种报表打印和历史数据保存。

此外，沼气净化输配系统远程/诊断解决方案，基于先进的网络技术，提供了功能强大的可视化管理和数据分析功能。无论设备供应方或维护人员身处何地，都可以通过可视化管理工具进行现场监控与故障诊断，实现对多个远程生产设备的集中监测和分析。通过远传能够将沼气现场的数据汇总到各级主管部门，通过此系统，主管部门一方面可以对各个沼气站情况进行实时监控，以便及时甚至提前发现问题，并迅速做出反应；另一方面，还可以通过对历史数据的分析，对工作进行总结和改进。

三、沼气分析仪

（一）使用规范

1. 仪器构成

红外沼气分析仪采用非分光红外线吸收原理，可以快速测量沼气中甲烷和二氧化碳气体的浓度，并能同时测量沼液的 pH 值。操作简便、测量准确。

红外沼气分析仪由分析仪主机、pH 值电极、采样头、采样管、电源适配器几个部分构成。主机上设有 pH 值电极、进气、排气 3 个插口，正面是液晶显示屏，主机下方有"气泵"、"调零"、"取消"、"确认"等功能键（图 8-26）。

2. 沼气浓度测量

（1）检查主机电量否充足，在不插电的情况下，在主机背部安装两节 5 号电池。

（2）将采样软管连接到采样头上，注意要把采样头的螺丝拧紧。以减小测量误差；将采样软管的另一端插入仪器主

图 8-26　红外沼气分析仪

机的进气口。拔出连接沼气灶台的沼气管，将采样头插入沼气管，开始测量。

（3）按"确认"键 2 秒启动主机电源，屏幕立即显示预热界面。预热约 30 秒后，显示屏上会显示 CH_4（甲烷）和 CO_2（二氧化碳）浓度，数据上升稳定后，所显示的数值就是沼气的实际浓度。

（4）测量结束后，拔出采样头前端的沼气管，重新插入灶具。按仪器主机上的"气泵"键，使数据归零。归零后一定要在室外将采样管中的残留气体排放干净。

3. 沼液酸碱度测量

（1）开启主机电源，按切换键选择 pH 测量功能，这时主机显示屏显示的 pH 值为固定值 14.0。

（2）连接好 pH 值探头，可以看见显示屏上的数据在变化，稳定后的读数就是保护瓶中液体的 pH 值。

（3）拧下 pH 值电极保护瓶，将 pH 值电极慢慢插入沼液中，注意深度不要超过 2 厘米，以免碰到保护瓶盖。数据稳定后，显示屏上的读数即为沼液的 pH 值。

（4）测量结束后，要将 pH 值电极用清水冲洗干净，将水甩干后装入保护瓶。

（二）故障诊断

1. 红外沼气分析仪开机故障

（1）不能正常开机，表现为按开关键仪器无任何反应。主要原因应是电源故障。如果无外接电源线，应检查电池安装情况；有外接电源时，检查线路是否连通或插座是否损坏。

（2）开机后自动关机，红外沼气分析仪正常使用过程中，突然自动关机，显示屏无任何读数。产生的原因是电源电量不足或电源线松动。

2. 红外沼气分析仪测量故障

红外沼气分析仪测量故障主要表现如下。

（1）测量时显示屏数值响应速度慢或无变化，产生的原因主要是采样管漏气或采样管路被堵塞。检查采样管路。若漏气须及时更换或拧紧连接处；采样口堵塞会导致显示屏数值变化小，出现管路堵塞应更换新的采样管。

（2）测量时显示屏数值跳动幅度过大，读数上下变化过大且超过沼气分析仪的显示范围。出现该现象可能是沼气分析仪受粉尘等杂质污染，应及时排查采样系统，发现粉尘或水进入仪器内部时，应清洗并更换过滤装置。

思 考 题

1. 沼气常用阀门的特点是什么？

2. 沼气常用阀门有哪些？各自有什么特点？

3. 安装阀门时应注意的问题是什么？

4. 选择燃气流量计需要考虑哪些因素？

5. 膜式表的构造和安装注意事项以及故障及其排除方法是什么？

6. 罗茨表构造是什么？安装使用应注意什么问题？

7. 涡轮气体流量计安装使用中应注意什么？

8. 涡街流量计的构造及特点是什么？安装注意事项是什么？

9. 沼气中使用的污泥泵有哪些？各有什么特点？各自安装使用要注意什么？

10. 大中型沼气工程中固液分离设备有哪些？各有什么特点？各自安装使用要注意什么？

11. 在高压输供气系统中，调压器的作用和工作原理是什么？

12. 调压器的种类有哪些？如何选择使用？

13. 沼气池出料设备有哪几种？

14. 沼气工程自动化系统具有什么功能？

第九章　沼气的净化贮存输配

【知识目标】
　　了解和掌握沼气净化贮存输配技术和相关设备及安装知识等。
【技能目标】
　　设备安装技术。

第一节　沼气的净化

　　沼气作为一种能源在使用前必须经过净化，使沼气的质量达到标准要求。

　　沼气的净化，一般包括沼气的脱水、脱硫及二氧化磁。但是一般很少将沼气中的酸性气体进行脱除。

　　沼气从厌氧发酵装置产出时，携带大量的水分，特别是在中温或高温发酵时，沼气具有较高的湿度。一般来说 1 立方米干沼气中饱和含湿量，在 30℃时为 35 克，而到 50℃时则为 111 克。当沼气在管路中流动时，由于温度，压力的变化露点降低，水蒸气冷凝增加了沼气在管路中流动的阻力，而且由于水蒸气的存在，还低了沼气的热值。而水与沼气中的硫化氢共同作用，更加速了金属管道、阀门及流量计的腐蚀或堵塞。另外，沼气中硫化氢燃烧后生成二氧化硫，它与燃烧产物中的水蒸气结合成亚硫酸，使燃气设备的低稳部位金属表面产生腐蚀，还会造成对大气环境的污染，影响人体健康。因此，需要对沼气中的冷凝水及硫化氢进行脱除。

一、沼气脱水

　　根据沼气用途不同，可用两种方法将沼气中的水分去除。

（一）脱水方法

　　（1）为了满足氧化铁脱硫剂对温度的要求，对高，中温的沼气温度应进行适当降温，通常是采用重力法，即常用气—水分离器的方法，将沼气中部分水蒸气脱除。

　　（2）在输送沼气管路的最低点安装凝水器可将管路中的冷凝水排除。

（二）脱水装置

　　为了使沼气中的气液两相达到工艺指标的分离要求，常在塔内安装水平及竖直滤网，当沼气以一定的压力从装置上部以切线方式进入后，沼气在离心力作用下进行旋转，然后一次经过水平滤网及竖直滤网，促使沼气中的水蒸气与沼气分离，而后器内的水滴，沿内壁向下流动，而积存于装置底部并定期排除。沼气脱水装置见图9-1，而在管路上常用的冷凝水分离器，如图9-2所示。冷凝水分离器，按排水方式，可分为人工手动和自动排水两种。

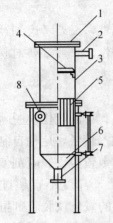

图9-1　沼气脱水装置

1—堵板；2—出气管；3—筒体；4—平置；5—竖置；
6—封头；7—排气管；8—进气管

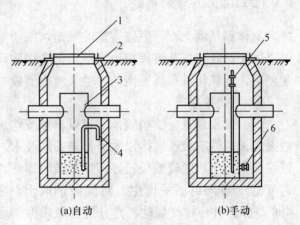

(a)自动　　　　　(b)手动

图9-2　冷凝水分离器

1—井盖；2—集水井；3—凝水器；4—自动排水管；
5—排水管（接唧筒）；6—排水阀

二、沼气脱硫

（一）沼气脱硫的特点

沼气与城市燃气相比，具有以下几个特点。

（1）沼气中硫化氢的浓度受发酵原料或发酵工艺的影响很大，原料不同沼气中硫化氢含量变化也很大，一般在 0.8～14.5 克/立方米之间，其中以糖蜜废水及城粪发酵后，沼气中的硫化氢含量为最高。早期曾采用醋酸锌化学分析法，对 4 个行业 24 个工厂（场）进行的现场测定，其结果如表 9-1 所示。

表 9-1　沼气中硫化氢含量　　　　　　　　　（单位：mg/L）

行业	单位数	最低	最高	平均
酒厂	4	0.82	1.08	1.15
食品屠宰场	2	1.6	1.8	1.7
禽畜场	5	0.028	4.5	1.79
城粪处理厂	2	1.5	14.5	7.95

（2）沼气中的二氧化碳含量一般约在 35%～40%，而人工煤气中的二氧化碳只占总量的 2%，由于二氧化碳为酸性气体，它的存在给脱硫带来不利影响。

（3）沼气工程的规模较小，产气压力较低，不宜采用湿法脱硫。由于小工程一般不设专业人员管理，因此，在选择脱硫方法时，应尽量考虑便于日常运行管理。因此，在大、中型沼气工程中多采用以氧化铁为脱硫剂的干法脱硫；但是，近年来有些工程也开始试用生物法脱硫。

（二）脱硫方案的确定

具体到某项工程，脱硫方案的确定，既要考虑到可行性，又要考虑到经济性。通常，干法脱硫工艺流程较为简单，但考虑到环保及经济性，一般都要对脱硫剂再生使用，而氧化铁和活性炭的再生从流程到成本都差别较大。

1. 氧化铁脱硫

（1）如采用氧化铁脱硫剂，可以自制或购买成型制品。自制氧化铁脱硫剂，一般采用天然铁矿或铁屑掺以木屑、熟石灰及水，其制作成本较低。这种自制的氧化铁脱硫剂，一般脱硫效果较好，但其硫容较低、可再生次数较少。脱硫剂使用一段时间后一般采用塔外再生。将脱硫剂取出，放在晒场上，厚度不宜超过 300～400 毫米，并应定期翻动，充分进行氧化再生。这种自制的氧化铁脱硫剂虽然成本低，但制作、再生都需要较大的场地、较多的人工，也比较麻烦，所以现在很多单位购买成型的氧化铁脱硫剂，也有许多单位研制成型的氧化铁脱硫剂销售。这些成型的氧化铁脱硫剂，颗粒均匀、孔隙率大、强度较高、氧化铁含量高、脱硫效率高、硫容大、可再生次数多，其再生可以在塔内进行，一般通入空气即可。

（2）氧化铁脱硫剂的使用条件一般限定以下几点。

① 温度：正常使用温度以 20～30℃为宜。温度过高，将使氧化速度加快，相对降低了硫化速度，使脱硫效率降低，同时温度过高将使硫化铁的水合物（$Fe_2S_3 \cdot H_2O$）失去水分，进而影响脱硫剂的湿度及酸碱度，影响脱硫效果。温度过低，会大大降低硫化速度，使脱硫效率下降，同时也将使沼气中的水分冷凝下来，造成脱硫剂过湿。

② 水分：脱硫剂宜保持25%～35%的水分，若水分小于10%将会影响脱硫操作。

③ 含氧量：沼气中含有一定的氧，可以使氧化铁在脱硫的同时实现再生。一般以含氧 1.0%～1.1%为宜。含氧量过高会加速铁的腐蚀和形成煤气胶。

④ 沼气的杂质含量：沼气中的杂质要脱除干净，否则容易造成脱硫剂表面被焦油等覆盖而失效。

⑤ 酸碱度：氧化铁脱硫一般要求在弱碱性（pH 值 8～9）的环境下进行，pH值过高过低都会影响脱硫效率。

铁系脱硫剂是一种较早使用的干法精脱硫剂，具有硫容高，反应速度快，价格低等优点。但传统的氧化铁脱硫剂由于受反应平衡的限制，出口硫含量一般较高，且只能脱无机硫（H_2S），故一般在精脱硫工艺中用作前级"粗脱"用。

2. 活性炭系脱硫剂

（1）活性炭系脱硫剂近年来发展很快。通过在活性炭制造过程中改变活化温度、活化剂和物理处理以及各种化学改性，可有效地改变活性炭的脱硫选择性。其特点是改性后的活性炭既可用于脱除无机硫，也可用于脱除有机硫，或同时脱除有机硫和无机硫。其在使用过程中的缺点常常是工作硫容与脱硫精度相矛盾，当要求出口硫含量降低时其穿透时间变短，硫容降低，价格一般也较高，故一般用于精脱硫把关用；另外，在用活性炭脱无机硫时，碱性条件和有氧存在才能发挥最佳脱硫效果。不过，近年来由于其脱硫精度逐步提高，已成为国内外目前开发研究的重点研究方向。

（2）山西省朔州、大同地区蕴藏大量弱黏结性煤，特别适合制造活性炭。太原新华化工厂就是我国最大的活性炭生产厂家。其中两个典型的专利活性炭脱硫剂性能见表 9-2。

表 9-2　TGC-1 活性炭脱硫剂性质

性质	数值	性质	数值
外观尺寸	$\phi 3 \times （5\sim10）$ 毫米	侧压强度	25 牛/厘米
堆密度	$0.60\sim0.70$ 千克/升	硫容	$\geqslant25\%$
颜色	黑色	O_2/H_2S（摩尔比）	$\geqslant3$
表面积	922.0 平方米/克		

脱硫专用活性炭既可脱除燃气中的硫化氢又可脱除有机硫。活性炭脱硫具有孔隙率大、活性高、硫容量大、脱硫效率高、机械强度高、耐水性好、气体阻力小、设备简单、操作方便、易于再生、生产费用低、可直接回收硫黄等优点。

（3）活性炭脱硫生产主要的工艺条件如下。

① 温度：正常使用温度可以在 27～82℃，但最佳使用温度为 32～52℃，因此在寒冷地区使用，脱硫塔应该保温。

② 硫化物与氧含量的比值应在 1∶2 以上，氧含量不足时可补充空气。

③ 相对湿度：燃气的相对湿度应在 70%～100%，湿度不足时可补充水蒸气，但不应带液态水进入活性炭床。

④ 气体中酸碱性要求：活性炭脱硫要求碱性环境，如燃气中不含碱性气体成分，可以使用浸碱活性炭。

⑤ 燃气的杂质含量：燃气中的焦油等杂质要脱除干净，否则容易造成活性炭表面微孔被焦油等覆盖而失效。

⑥ 压力：操作压力应小于 5 兆帕，目前一般的煤气生产工艺都不超过此压力。此外，脱硫塔的设计要考虑到空速、线速度等要求。

（4）活性炭的再生，目前一般采用过热蒸汽再生法。这种再生方法设备简单、操作方便、成本较低。活性炭一般可再生 20 次左右。根据活性炭脱硫的机理，活性炭脱硫后吸附的是单质硫，所以再生操作时，根据单质硫的理化特性和活性炭的吸附与解吸原理，向活性炭层通无氧高温气流（过热蒸汽）使活性炭与吸附其中的单质硫同时得到加热，当温度升高到 325℃以上时，硫被熔化成液态或气态而从活性炭孔隙中被解吸出来，随过热蒸汽带出活性炭床外，被送入水冷却槽，硫被冷却成固体而沉于槽底，未被冷凝的气体自烟囱排放。活性炭得到再生继续使用，硫被回收。再生用过热蒸汽在 600℃范围内，温度越高越好。再生时间、费用、效率等都与温度有直接关系。

3. 生物脱硫是利用无色硫细菌

如氧化硫硫杆菌、氧化亚铁硫杆菌等，在微氧条件下将 H_2S 氧化成单质。这种脱硫方法已在德国沼气脱硫中广泛使用，在国内某些工程中已有采用，其优点是：不需要催化剂、不需处理化学污泥，产生很少生物污泥、耗能低、可回收单质硫、去除效率高。这种脱硫的技术关键是如何根据 H_2S 的浓度来控制反应中供给的溶解氧浓度。

（三）氧化铁脱硫剂种类及技术性能

1. 氧化铁脱硫剂的种类

氧化铁脱硫剂分为天然沼铁矿、人工氧化铁、转炉炼钢赤泥及硫铁矿灰等。其中转炉炼钢赤泥中含有 45%～70%的氧化铁，主要是 r- Fe_2O_3·H_2O 及 r- Fe_2O_3。硫铁矿灰是硫酸厂的副产品，硫铁矿灰中的活性氧化铁除含 a-Fe_2O_3·H_2O 外，还含 r-Fe_2O_3·H_2O，一般在 12%左右。

沼气中因含 CO_2 较高，如 H_2S 为 2～3 克/立方米时，难以保证净化后的沼气中 H_2S 低于 20 毫克/立方米。因此，对炼钢赤泥或硫铁矿灰需经过活化处理，以提高其一次硫容及累积硫容。将活化处理后的转炉炼钢赤泥或硫铁矿灰作为原料，配以一定比例的助催化剂、碱、黏结剂及烧失剂，可制成环形、球形或条形等成型脱硫剂。成型脱硫剂的优点是活性高，床层阻力小（使用初期一般为 50～70 帕/米），操作简单，容易再生，脱硫装置小，处理气量大，适用于空速高的塔式脱硫装置。

2. 氧化铁脱硫剂的技术性能

评价氧化铁脱硫剂的性能优劣，不单纯以 Fe_2O_3 的含量多少为依据，而是根据其中氧化铁的晶型判断其活性。脱硫剂中易与 H_2S 起反应的只有 a-Fe_2O_3·H_2O 及 r-Fe_2O_3·H_2O 两种形态，反应生成三硫化二铁容易再氧化为活化形式的氧化铁。根据上述分析得知脱硫剂的一次硫容（一次硫容是指一定质量的脱硫剂，首次脱除沼气中的硫化氢直至沼气出口硫化氢含量刚刚超过标准规定的浓度 20 毫克/立方米时，所脱除的硫质量与脱硫剂质量的比值）和饱和硫容（是指一定质量的脱硫剂，对无水沼气进行脱硫时，以适当的沼气流速，经过奈士比特管内的脱硫剂使之饱和，且每 2 小时称重一次直至恒重，或质量增加甚微时的硫容），均与氧化铁中的晶型多少有关。目前，虽然我国生产脱硫剂的厂家不少，但还处于较低水平，尤其对于含 CO_2 及 H_2S 较高的沼气来说，性能不够理想，不仅费工、费时，而且处理沼气所需费用也较高。因此，选用一种适合沼气脱硫且效果好的脱硫剂是非常重要的。根据用户使用情况的调查，目前，按一次硫容高低，比较好的有 TTL-1 型、TG 型及 PM 型成型脱硫剂，其一次硫容在 13%～19%之间。

此外，成型脱硫剂还应具有：一定的孔隙率，一定的强度，还要具有耐潮湿性。

（四）沼气脱硫与再生的注意事项

成型氧化铁脱硫剂在使用时，除了受脱硫剂自身结构影响之外，还与脱硫的工艺条件（如碱度、温度、湿度等）密切相关。选择适宜的操作条件，不仅能充分发挥脱硫剂的活性，而且还能延长脱硫剂的使用寿命，提高沼气的净化程度。

经过多年运行经验并结合成型脱硫剂的特点，提出脱硫的主要运行参数：①温度控制在 15～30℃；②脱硫剂的水分在 10%～15%；③脱硫剂的 pH 值应大于 9；④脱硫剂的床层阻力应小于 100 帕/米；⑤通过脱硫塔的压力为常压。同时在运行操作中还应注意以下几点：

（1）掌握脱硫床层温度变化，判断脱硫剂是否已被硫化氢所饱和；通过检测脱硫塔出出口沼气中硫化氢浓度，以便及时再生或更换。

（2）定时检测脱硫塔进、出口的压力，以判断塔内脱硫剂是否粉化或结块。

（3）塔外再生是将失活的脱硫剂从塔内卸出，摊晒在空地上，然后均匀地在脱硫剂上喷洒少量稀氨水，利用空气中的氧，进行自然再生。

（4）塔内强制再生，首先将塔内沼气排净，然后以 20～40/h 的低空速用气泵将空气打入塔内，同时控制塔内再生温度应低于 70℃，防止造成脱硫剂失去活性。

（五）脱硫工艺流程及其技术

精脱硫工艺的设计必须根据厂家气量的大小、硫含量的多少、气体的组成和各种硫形态的分布情况以及厂家的其他工艺单元结构进行合理设计，方能取得既降低脱硫费用又能节能降耗、增加综合经济效益的目的。

干法脱硫不同于湿法脱硫，其脱硫效率是逐渐降低的，而不是固定不变，以脱硫效率 99%计，若进口 H_2S 浓度为 6 克/牛·立方米，则出口 H_2S 浓度已达 60 毫克/牛·立方米（6 克/牛·立方米-6 克/牛·立方米×99%=60 毫克/牛·立方米）。所以，若不采用新型的脱硫反应器和流程根本无法满足脱硫要求（≤50 毫克/牛·立方米）。此时采用多塔串并联工艺可有效解决这一技术难题。当然，在实际工作中，还应根据焦炉煤气焦油含量的多少、水分和氧含量调整工艺参数和脱硫剂种类，则更能起到"事半功倍"的脱硫效果。

中小型煤气工程脱硫方式的选择，应根据煤气的种类、性质、煤气量的大小、煤气中硫化物的含量、煤气质量要求等综合因素全面考虑。并应结合当地资源，考虑脱硫剂的来源、价格、副产品的处理、环境保护等。既要考虑到方案的可行性，又可考虑到投资建设、生产运行的经济性，以达到最佳的效果。

（六）脱硫工艺流程、系统安装及安全操作

1. 脱硫工艺流程

整个脱硫系统包括水封、气—水分离器、脱硫塔、气体流量计等。如图 9-3 所示。根据设计要求，脱硫塔可以是串联，也可以并联或两并一串的灵活方式。

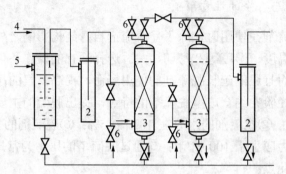

图 9-3　脱硫工艺流程

1—水封；2—气-水分离器；3—脱硫塔；4—沼气入口；5—自来水入口；6—再生通气放散阀

沼气在进入脱硫系统前，如是中温或高温，而且发酵装置距脱硫系统很近时，必须经过冷却，然后经过水封、气—水分离后才进入脱硫塔，脱硫后再次进行气—水分离，最后经计量后，送至储气柜或管路。

水封的主要作用在于：①清洗沼气从发酵装置带出的泡沫及污物；②在系统中起逆止阀作用，防止回火；③保证沼气有一定的湿度；④对中、高温沼气可以起到降温作用。

气—水分离器的作用是沼气经水封后被水饱和，而每一种脱硫剂在运行中均有其最佳的含水量，只有在该条件下脱硫剂才具有较高活性。气—水分离器的作用，就是将沼气中的水分，降至脱硫剂所需要的含水量。另外，沼气脱硫时温度升高，当出脱硫塔后，其中所含水蒸气遇冷形成冷凝水，易堵塞管路、阀门，特别是计量仪表，使其锈蚀、失灵。因此，在计量表前应再次进行气—水分离。

2. 脱硫系统的安装

（1）全套脱硫系统应设在单独房间，并与压缩机、配电盘等设备分开设置。

（2）脱硫装置的进出管路上应留有用于空气再生的接口；在进出气管附近，应预留检测孔，以进行测温、测压或取气样之用。

（3）在脱硫装置及流量计上均应装有旁通管，以方便设备维修。

（4）脱硫间内应设排水管并与脱硫塔及气—水分离器的泄水阀、排污阀相连。

（5）脱硫间应有足够的高度和面积，屋顶应为防爆型或有足够的泄压面积。

（6）北方脱硫间应设有采暖系统；南方应对脱硫系统进行保温。

3. 脱硫系统的运行

（1）运行前应认真检查沼气水封的水位及各阀门的开关情况，系统的气密性和消防设施是否安全好用。

（2）系统投入运行后，应定期记录脱硫塔沼气进出口压力，如超过规定值时，应及时检查并排除故障；若因脱硫剂失活造成阻力过大，则应对脱硫剂进行再生或更换。

（3）认真观察床层温度，随时掌握塔内脱硫状况。同时，对脱硫前、后的沼气中 H_2S 含量进行分析。

（4）合理利用"倒塔"技术，可以提高脱硫剂的活性，延长脱硫剂的使用寿命。

（5）注意经常排放脱硫塔底部、管路系统、气—水分离器内的积水，以防液堵。

（6）冬季运行时，应注意脱硫系统的保温，或适当降低空速，以保证脱硫效果。

（7）脱硫系统应定期检修，检查温度计、压力表、流量计运行是否正常，阀门是否密封，法兰密封垫是否老化损坏。发现问题应及时处理更换，保证正常运行。

4．脱硫剂的装卸与再生

（1）采用成型脱硫剂，如有破碎应过筛；采用粉状脱硫剂应与木屑或稻壳充分混匀，加一定的水和碱，保证其湿度和 pH 值。

（2）在脱硫塔底部，预先在托板上放层铁砂，在其上放层碎瓷环或豆石，而后均匀地放入脱硫剂，切勿在塔内壁留有缝隙，以防气体短路，影响脱硫效果。

（3）分层装填时，各床层之间要留有一定的空间。脱硫剂装好后，封好进料口，使其严密不漏气。

（4）脱硫剂失效后。在从塔内卸出前，先将脱硫塔的进气阀门关闭，打开放散阀，排放塔内燃气 24～48 小时，再打开塔底入孔，将废脱硫剂卸出。为防止废剂自燃，可喷洒少量水。废剂出塔后，应放在指定地点，避免污染地下水。数量大时最好送回硫酸厂。

第二节　沼气的储存

大中型沼气工程一般采用低压湿式储气柜，少数用干式储气柜或橡胶储气袋来储存沼气。大中型沼气工程，由于厌氧消化装置工作状态的波动及进料量和浓度的变化，单位时间沼气的产量也有所变化。当沼气作为生活用能进行集中供气时，由于沼气的生产是连续的，而沼气的使用是间歇的，为了合理、有效的平衡产气与用气，通常采用储气的方法来解决。

目前，国内虽然已建大、中型沼气工程 2000 多处，但日产量绝大多数在 5000 立方米以下，最大的沼气工程如南阳酒精厂日产沼气达 30000 立方米；而许多禽畜粪便处理厂的日产气量仅 500 立方米左右。因此，除个别工程外，大部分供给民用的沼气的储气容积按日产气量的 50%～60%计算；民用及烧锅炉或发电各占一半时，按产气量的 40%考虑；若全供给工业使用时应根据用气特点、用气曲线来确定。

一、低压湿式储气柜

低压湿式储气柜是可变容积金属柜，它主要由水槽、钟罩、塔节以及升降导向装置所组成。当沼气输入气柜内储存时，放在水槽内的钟罩和塔节依次（按直径由小到大）升高；当沼气从气柜内导出时，塔节和钟罩又依次（按直径由大到小）降落到水槽中。钟罩和塔节、内侧塔节与外侧塔节之间，利用水封将柜内沼气与大气隔绝。因此，随塔节升降，沼气的储存容积和压力是变化着的。

（一）湿式储气柜的特点

湿式储气柜虽有结构简单、容易施工、运行密封可靠的特点，但也存在缺点：
（1）在北方地区冬季，水槽要采取保温措施；
（2）水槽、钟罩和塔节、导轨等常年与水接触，必须定期进行防腐处理；
（3）水槽对储存沼气来说为无效体积。

（二）湿式储气柜种类

根据导轨形式的不同，湿式储气柜可分为三种：①螺旋导轨气柜；②外导架直升式气柜；③无外导架直升式气柜。

直导轨焊接在钟罩或塔节的外壁上，导轮在下层塔节和水槽上。这种气柜结构简单，导轨制作容易，钢材消耗小于有外导架直升式，但它的抗倾覆性能最低，一般仅用于小的单节气柜上。

为适应农村的施工条件和冬季防冻的要求，除了传统的全钢地上储气柜外，还常采用混凝土水槽半地下储气柜。对半地下气柜的水槽施工要求较高，不能出现渗漏，但节省钢材，减少了防腐工作量及费用，并且冬季水池具有较好的保温性能。

二、低压干式储气柜

低压干式储气柜是由圆柱形外筒、沿外筒内面上下活动的活塞和密封装置以及底板、立柱、顶板组成。例如密封帘式干储气柜，在外筒的下端与活塞边缘之间，贴有可挠性特殊合成树脂膜，该密封膜随活塞上下滑动而卷起或放下，沼气储存在活塞以下部分，并随着活塞的上下移动而增减其储气量，它不像湿式储气柜那样有水槽，因此，可以大大地减少基础荷重。在气柜底板及侧板全高 1/3 的下半部要求气密，而侧板全高 2/3 的上半部分及柜顶不要求密封，从而可以设置洞口以便工作人员进入活塞上部进行检查和维修。

但是，干式储气柜的最大问题是，对气体的密封问题，即如何防止在字定的外筒与上下活动的活塞之间滑动部分间隙的漏气问题。目前最常采用的密封方法有两种。

（一）稀油密封

对滑动部分的间隙充满液体进行密封，同时从上部补给通过间隙流下的液体量。早期采用煤焦油作为密封液，目前，密封油广泛采用润滑油系统的矿物油。密封油是循环使用。该种密封方法属于 20 世纪 80 年代技术，但目前在储存大容量的燃气上仍在使用。

（二）柔膜密封

在外筒部下端与活塞边缘之间贴有可挠性的特殊合成树脂膜，膜随活塞上下滑动而卷起或放下达到密封的目的。

1. 构造

气柜底板及侧板全高 1/3 的下半部要求气密，侧板其余 2/3 的上半部及顶不要求气密，因此可以任意设置洞口，以便工作人员进入活塞上部，这对检查及管理颇为有利。侧板气密部分的上端与活塞挡板及活塞之间，用特制的密封帘组成，如图 9-4 所示的构造。活塞外周装有一段波纹板，它的作用可以补偿活塞在运转中由于密封设备的位置改变所引起的在圆周方向长度的变化，同时还承受内部燃气的压力。

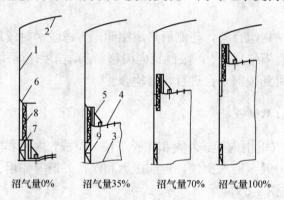

沼气量0%　沼气量35%　沼气量70%　沼气量100%

图 9-4　柔膜密封干式储气柜

1—侧板；2—框顶；3—底板；4—活塞；5—活塞挡板；6—外密封帘；7—内密封帘；8—T 挡板；9—T 挡板支架

当储气柜的燃气为零时，活塞全部落在底板上，T 挡板则停在周围略高的台上，当沼气从侧板下部进入柜内达到一定. 的压力值后，活塞首先上升，然后带动 T 挡板同时上升至最高点。而此时密封帘随着活塞及 T 挡板的位置作卷上或卷下变形，在变形运动的全部过程中没有摩擦。活塞与 T 挡板的运动依靠密封帘及平衡装置与侧板间的充分空隙而可以自动地调向中心，因此活塞的升降运动非常圆滑，也很少倾斜。由于加重块系放在活塞上部，故可以增加储气压力，一般为 6 千帕。

2. 密封帘

密封帘的作用是密封气体，它是储气柜的心脏，密封帘应具备的条件有：

（1）对腐蚀及老化应具有耐久性；

（2）对储存的气体应具有不透性；

（3）对动作中所引起的应力应具有充分的强度；

（4）应具有很好的弹性，可防止运动变形所引起的损伤；

（5）应具有广泛的使用温度范围。

目前采用的密封帘多为尼龙车胎作底层，外敷氯丁合成橡胶或腈基丁二烯橡胶等材料。氯丁橡胶对一般工业用气体具有很好的耐腐蚀性。另外，由于密封帘在气柜中不断地卷上卷下反复变形，因此，要求它具有较好的机械性能。如：①在伸长后应有能回复原状的性能；②能克服折坏现象；③应具有耐压缩性。

根据上述各点要求，密封帘在机械性上应取较大的安全系数，以防止产生裂缝、褶纹、折坏，并且在储气柜内要有适当的环状间隙。

3. 活塞调平装置

该装置是由活塞径向对称而引出的钢绳，通过滑轮连接到同一配重块上，如图 9-5 所示，当这两个径向对称点发生倾斜时，与高点连接的钢绳就松弛，与低点连接的钢绳就拉紧，这样由配重所产生的重力就全作用在与低点连接的钢绳上，该重力把低点向上提，使活塞保持水平。该调平装置有三套，可保证活塞在各方向的水平度。同时，当活塞旋转时，也能自动将其调回原位置。

4. 活塞挡板

它是一筒形钢结构组合架，与侧板形成空间，与橡胶密封膜连成一个密封体。在活塞挡板上下装有限位导轮，以限制径向偏移。活动挡板顶面构成一个环形走台，通过侧板上的门，可到顶部走台进行维修检查。

（三）低压单膜/双膜气柜

单膜/双膜系列气柜由内膜、外膜和底膜三部分组成，内膜和底膜形成封闭空间储存沼气，外膜和内膜则通入空气，控制压力和保持外形等作用。储气器的压力通常在 0～5 千帕（见图 9-6）。

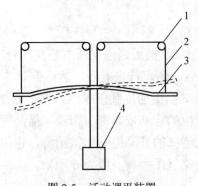

图 9-5　活动调平装置

图 9-6　低压单膜/双膜气柜

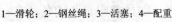

1—滑轮；2—钢丝绳；3—活塞；4—配重

采用进口材料，具有技术先进、抗风载、耐 H_2S、耐紫外线、阻燃、自洁等优点，可解决防腐难、冬季防冻问题。如采用进口织物作为气柜材质，产品使用寿命可达 15～20 年，而采用国产材质气柜成本相对较低，产品使用寿命 6 年以上。

（1）单膜气柜由抗紫外线的双面涂覆 PVDF 涂层的外膜材料制作，特点是单层结构，保温效果好于钢结构，但差于双层膜结构。

（2）双膜气柜采用双层构造，内层膜采用沼气专用膜，外层采用抗老化的外膜材料，同时可以起到保持外形和保证恒定工作压力的作用。

低压干式气柜比湿式气柜具有占地面积省，基础建设投资可节省30%，生产、安装周期可缩短近三分之一等特点。

（四）低压储气袋

为了满足储气袋的安全使用，常在气袋外围建有圆筒形钢外壳，它对气袋主要起保护罩作用，而没有严格的密封要求。较典型的是利浦气柜，见图 9-7。气袋材质可采用进口塑胶，在-30℃仍可使用，由于气袋壁厚的不同，其使用寿命也各异，这种储气袋与湿式气柜相比虽防腐费及工程造价较低，但因储气压力低，必须采用燃气排送机，增加了日常的耗电，为此，有的地方采用定时供气。

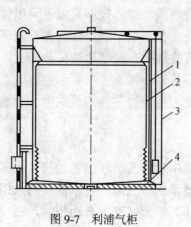

图 9-7　利浦气柜

1—利浦罐体；2—储气袋；3—附属装置；4—底板

三、高压干式储气柜

高压干式储气系统主要由缓冲罐、压缩机、高压干式储气柜、调压箱等设备组成。发酵装置产生的沼气经过净化后，先储存在缓冲罐内，当缓冲罐内沼气达到一定量后，压缩机启动，将沼气打入高压储柜中，储气柜内的高压沼气经过调压箱调压后，进入输配管网，向居民供气。系统中缓冲罐类似于小的湿式储气柜，起到将产生的沼气暂时储存，以解决压缩机流量与发酵装置产生沼气量不匹配的问题，其容积根据发酵装置产气量而定，一般情况下可以 20～30 分钟升降一次为宜。压缩机应采用防爆电源，以保证系统的安全运行，所选择压缩机的流量应大于发酵装置产气量的最大值，但不宜超过太多，以免造成浪费，在北方应建压缩机房，以确保压缩机在寒冷条件下能够正常工作。高压干式储气柜应选择有相关资质厂家生产的产品，并在当地安检进行备案，高压气柜内的压力一般为 0.8 兆帕。

高压干式储气系统虽然有工艺复杂、施工要求高、需要运行维护等缺点，但与湿式低压储气柜比较，具有以下优点：

（1）由于采用高压储气，出气压力可以通过调压箱调节，因此可以实现远距离送气，提高了输送能力。

（2）减少了占地面积。

（3）可以为中压输送沼气创造条件，因此可以降低管网的建造成本，当输送距离较远时，优势更为明显。

（4）在北方冬季，无需进行保温。

四、湿式储气柜的防冻

低压湿式储气柜的防冻措施可分为蒸汽加热、热水加热、电加热及加隔离层等方式。

1. 蒸汽加热方式

具有构造简单、设备费用低、加热效率高以及可以使水封内的水循环良好等优点。一般蒸汽加热的做法是，在水槽平台上靠内侧安装环形蒸汽管，从水槽壁边在蒸汽引入口处接出立管，可将其附在储气罐的外导架上。环管内蒸汽由引射器射入水内，引射器的数量按需要热量计算。在布置引射器时，要使蒸汽沿四周以同一方向射入水内，以使水流动成为连续的。在沼气站内一般装有蒸汽锅炉，可以利用其蒸汽进行加热。

2. 热水加热方式

对于小型储气罐，一般用重力式循环热水加热。也就是靠冷水与热水的密度不同来进行加热。对于较大型湿式储气罐，将水槽内的水用泵抽出，通过热交换器再送回到水槽内。采用泵循环加热最好利用自动控制，在一定的水温时，泵可以自动启动和关闭。

3. 隔离层防冻方式

可以采用聚丙烯制成的小球或聚氨酯废料，撒在水槽的水面上，形成一层柔性绝缘毯覆盖着水面，借以保持水的热量不放散到大气中去。

五、湿式储气柜的腐蚀与防腐

低压湿式储气柜由于钢钟罩或塔节在运行中频繁的浸入和升出水槽，钟罩、塔节表层受大气环境和水槽中含有溶解于水的硫化氢及二氧化碳等介质的侵蚀，加上目前防腐涂料性能及施工质量的影响，其腐蚀速度较单一介质的腐蚀快 1/3 左右，并使涂料漆膜很快出现老化现象，少则 1～2 年，多则 3～5 年，就得进行重新涂刷。

为了防止腐蚀性分子接触柜体基质，必须使用高内聚不透性的涂料，这种涂料应能抵抗摩擦、撞击及微生物、水、酸对柜体金属表面的侵蚀。为了长久使用，漆膜还必须具有很强的黏合性，以防老化脱落。而近年来一些单位采用的氯磺化聚乙烯涂料和 BMY 聚氨酯防水涂料具有上述性能。这两种涂料按一次使用，单位面积用量虽然造价较高，但以使用年限、年维修费用，却远远低于其他防腐涂料，经济效益是明显的。而且 BMY 聚氨酯涂料可以在气柜不停产条件下涂刷，对正常供气没有影响。

六、储气柜的布置原则

（1）储气柜除设在沼气站内，还可设置在居民小区附近。其优点是沼气从发酵装置经脱硫后，利用本身的压力自行送至气柜，不需消耗动力；又因在输送途中没有用户，所以可采用较小的管径输气，因气柜出口沼气的压力具有 2～3.5 千帕，足以克服送至用户管道的阻力损失。由于储气柜靠近用户，所以管线长度短，各用户的灶前压力比较稳定，使灶具能在良好的工况下工作，具有较高的热效率。

对于供气规模很小的沼气集中供应站，可将储气柜布置在沼气站内，以利于统一管理。但对供气规模较大的沼气集中供应站，如采用这种方案，势必造成气柜距用户的管路较长，管径加大，有可能在用气高峰时，管道末端用户出现压力较低、供气不足的现象。

（2）从钢耗及一次投资来看，大容积气柜比小容积要低；但从保证供气的可靠性上看，最好设有两个气柜，以便维修与保养。目前，因受工程投资的限制，多数工程只能先建一个。

（3）储气柜与周围建筑物应有一定的安全防火距离：

① 湿式储气柜之间防火间距，应等于或大于相邻较大柜的半径；

② 干式或卧式储气柜之间的防火距离，应大于相邻较大柜（罐）直径的 2/3；

③ 储气柜与其他建筑、构筑物的防火间距应不小于表 9-3 中的规定；

④ 对容积小于 20 立方米的储气柜与站内厂房的防火间距不限；

⑤ 罐区周围应有消防通道，罐区应留有扩建的面积。

表 9-3　湿式储气柜与建筑物的防火间距

名　　称		储气柜总容积/（立方米）	
		≤1000	1001～10000
明火或散发火花的地点，民用建筑，甲类物品库房，易燃材料堆场		25	30
其他建筑耐火等级	一、二级	12	15
	三级	15	20
	四级	20	25

七、储气柜的运行与维护

1. 气柜的置换

储气柜在启用前必须进行置换。置换方法分为以沼气直接进行和用惰性气体间接置换两大类。对于容积小于 500 立方米的气柜，可以沼气直接进行置换，但柜内混合气体必然经过从达到爆炸下限到超过爆炸上限的过程。在这一置换过程中，存在着发生爆炸的危险性，因此，必须杜绝火源。对于容积大于 500 立方米的气柜，应尽量采用惰性气体间接置换的方法，它不会产生爆炸和污染，是一种安全可靠的方法。

惰性气体有氮气、二氧化碳等，而烟气的组分主要是氮气和二氧化碳，是比较经济的置换介质。还应注意到密度大的惰性气体适于置换密度小的燃气，密度小的惰性气体适于置换密度较大的燃气这一原理。置换方法应按有关操作规程进行，切实注意安全。

2. 气柜的运行管理

（1）控制好湿式气柜钟罩的升降位置。在计算气柜最高储量时，应考虑到由于气温上升而引起的气体膨胀；而在最低储量时，勿使钟罩贴至水槽底部，以防止气温降低，造成柜内负压使罩顶塌陷。因而需对其升降位置留有安全余地，在设计制造时应考虑最高、最低限位器。最好选用仪表装置控制或指示其最高、最低操作限位。

（2）防止水封中的水结冰，在冬季水温应保持+5℃，一般酒厂可利用高温发酵液，或在水封池表面铺层聚氨酯泡沫塑料碎块；有条件的北方地区也可喷入锅炉蒸气或使水循环防冻。

（3）防止漏气，经常检查水槽和水封中的水位高度，防止沼气因水封高度不足而泄漏。定期对柜体表面进行检查和涂刷油漆，以防钟罩钢板腐蚀而穿孔漏气。

（4）防止火灾，在气柜外应建围墙，站内严禁火种。气柜上应安装避雷针，其接地电阻应小于 10 欧姆。

（5）对低压干式气柜首次充气时控制活塞上升速度在 5 米/分钟，使活塞挡板达到最高位置，并使密封膜处于正常位置上，这对今后无论活塞处在任何位置，橡胶膜均能做到正常工作。

（6）对低压干式柜当第一次升高活塞挡板时，一定达到最高位置，并使密封膜处于正常位置上，这对今后无论活塞处在任何位置，橡胶膜均能做到正常工作。

（7）经常检查并清理调平配重钢丝绳滑倒上的异物，检查活塞配重是否平衡，检查调平钢丝与活塞连接是否牢固，避免活塞倾斜。

（8）气柜运行中应保证最大进气量小于紧急放散装置的排气量，并保证各放散阀工作正常，以免活塞冲顶。

另外，在有台风侵袭的地区建造贮气柜，尽量采用半地下，以降低柜的高度。

第三节　沼气输配技术

沼气作为一种生活能源当向居民供气时需要输配系统。沼气的输配系统是指自沼气站至用户前一系列沼气输配设施的总称。对于较大工程来说，主要由中、低压力的管网、居民小区的调压器组成。对于小规模居民区或大中型沼气工程站内的供气系统，主要包括低压管网及管路附件。

输气管道在工程建设中占有相当重要的位置，它在输配系统总投资中约占60%，因此，合理选择性能可靠、施工方便、经济耐用的管材，对安全供气和降低工程造价有着重要意义。

一、常用管材

（一）钢管

钢管是燃气输配工程中使用的主要管材，它具有强度大、严密性好、焊接技术成熟等优点，但它耐腐蚀性差，需进行防腐。钢管按制造方法分为无缝钢管及焊接钢管。在沼气输配中，常用直缝卷焊钢管，其中用得最多的是水煤气输送钢管。钢管按表面处理不同分为镀锌（白铁管）和不镀锌（黑铁管）；按壁厚不同分为普通钢管、加厚钢管及薄壁钢管三种。

小口径无缝钢管以镀锌管为主，通常用于室内，若用于室外埋地敷设时，也必须进行防腐处理。大于ϕ150毫米的无缝钢管为不镀锌的黑铁管。沼气管道输送压力不高，采用一般无缝管或由碳素软钢制造的水煤气输送钢管；但大口径燃气管通常采用对接焊缝和螺旋焊缝钢管。

（二）塑料管

在沼气输送工程中主要采用聚乙烯管，有的南方地区也常使用聚丙烯管，虽然聚丙烯管比聚乙烯管表面硬度高，耐温较高，但耐磨性、热稳定性较差，其脆性较大，又因这种材料极易燃烧，故不宜在寒冷地区使用，也不宜安装在室内。下面介绍聚乙烯管的特点。

（1）塑料管的密度小，只有钢管的1/4，对运输、加工、安装均很方便；

（2）电绝缘性好，不易受电化学腐蚀、使用寿命可达50年，比钢管寿命长2～3倍；

（3）管道内壁光滑，抗磨性强，沿程阻力较小，避免了沼气中杂质的沉积，提高输气能力；

（4）具有良好的挠曲性，抗震能力强，在紧急事故时可夹扁抢修，施工遇有障碍时可灵活调整；

（5）施工工艺简便，不需除锈、防腐，连接方法简单可靠，管道维护简便。但是采用塑料管时应注意：

① 塑料管比钢管强度低，一般只用于低压，高密度聚乙烯管最高使用压力为0.4兆帕。

② 塑料管在氧及紫外线作用下易老化，因此，不应架空铺设。

③ 塑料管材对温度变化极为敏感，温度升高塑料弹性增加，刚性下降，制品尺寸稳定性差；而温度过低材料变硬、变脆，又易开裂。

④ 塑料管刚度差，如遇管基下沉或管内积水，易造成管路变形和局部堵塞。

⑤ 聚乙烯、聚丙烯管材属非极性材料，易带静电，埋地管线查找困难，用在地面上作标记的方法不够方便。几种塑料管在常温下的物理机械性能见表9-4。

表9-4　塑料管在常温下的物理机械性能

性能	硬聚氯乙烯	聚乙烯	聚丙烯
密度（克/立方米）	1.4~1.45	0.95	0.9~0.91
拉伸强度（兆帕）	50~56	10	29.4~38.2
弯曲强度（兆帕）	85	20~60	41~55
压缩强度（兆帕）	65	50	38~55
断裂延伸率（%）	40~80	200	200~700
拉伸弹性模量（兆帕）	0.23~0.27	0.013	0.14
冲击（缺口）强度（焦尔/米）	267~534	低密度不变	107
热膨胀系数（l/℃）	$7×10^{-5}$	$18×10^{-5}$	$10×10^{-5}$
软化点（℃）	75~80	60	120
焊接温度（℃）	170~180	120~130	240~280
燃烧性	自行灭火	缓燃	极易燃烧

二、管道的连接

（一）钢管可以采用焊接、法兰和螺纹连接

埋地沼气管道不仅承受管内沼气压力，同时还要承受地下土层及地上行驶车辆的荷载，因此，接口的焊接应按受压容器要求施工，工程中以手工焊为主，并采用各种检测手段鉴定焊接接口的可靠性。有关钢管焊接前的选配、管子组装、管道焊接工艺、焊缝的质量要求等应遵照相应规范。

大中型沼气工程中的设备与管道、室外沼气管道与阀门、凝水器之间的连接，常以法兰连接为主。为了保证法兰连接的气密性，应使用平焊钢法兰，密封面垂直于管道中心线，密封面间加石棉或橡胶垫片，然后用螺栓紧固。室内管道多采用三

通、弯头、变径接头及活接头等螺纹连接管件进行安装。为了防止漏气，用管螺纹连接时，接头处必须缠绕适量的填料，通常采用聚四氟乙烯胶带。

（二）塑料管的连接

塑料管的连接根据不同的材质采用不同的方法，一般来说有焊接、熔接及粘接等。对聚丙烯管，目前采用较多的是手工热风对接焊，热风温度控制在240～280℃。聚丙烯的粘接，最有效的方法是将塑料表面进行处理，改变表面极性，然后用聚氨酯或环氧胶黏剂进行黏合。

聚乙烯管的连接，在城市燃气管网中主要采用热熔焊，它包括热熔对接、承插热熔及利用马鞍形管件进行侧壁热熔。另一种是电熔焊法，它是利用带有电热丝的管件，采用专门的焊接设备来完成的。

除了上述连接方法外，在农村地区施工，对同一直径的管子将一端在烧开的蓖麻油或棉籽油中均匀加热，然后用一根外径与管外径相等的尖头圆木，插入加热端使其扩大为承口（承口长度约为管外径的1.5～2.5倍），迅速将另一根管端涂有黏结剂的管子插入承口内，当温度降至环境温度时，承口收缩，接口连接牢固。

当采用成品塑料管件时，可在承口内涂上较薄的黏结剂，在塑料管端外缘涂以较厚的黏结剂，然后将管迅速插入承口管件，直至双方紧密接触为止。

聚乙烯管与金属管的热熔连接，熔接前先将聚乙烯管胀口，胀口内径比金属管外径小0.2～0.3毫米，并有锥度。连接时先将金属管（可带螺纹）表面清除污垢，然后将金属管插口加热至210℃左右，将聚乙烯管承口套入，聚乙烯管在灼热金属管表面熔融，呈半透明状，冷却后即能牢固地熔合在一起，其接口具有气密性好、强度高等特点。此外，也可使用过渡接头，如图9-8所示。

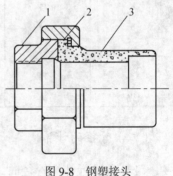

图9-8　钢塑接头

1—金属管；2—密封圈；3—PE管

三、管路的设计

沼气管路的设计任务是根据计算流量及规定的压力降来计算管径，进而确定管路的金属或塑料管的数量和投资。

（一）管路的计算流量

沼气计算流量的大小，直接关系到小区沼气管网的经济性和供气的可靠性。一般应按用户所有沼气用具的额定耗气量和同时工作系数确定。计算公式如下：

$$Q=K\sum nq \tag{9-1}$$

式中　Q——沼气计算流量（立方米/时）；

K——沼气用具同时工作系数；

$\sum nq$——全部用具的额定耗气量（立方米/时）；

n——同一类型的用具数；

q——某种用具的额定耗气量（立方米/时）。

同时工作系数 K 反映沼气用具同时使用的程度，它与用户的生活规律、沼气用具的类型和数量、用具的热流量、沼气的热值、燃烧器的热效率以及地区的气候条件等因素有关。一般来说，用户越多，用具的同时工作系数越小。表 9-5 中所列的同时工作系数是在每一用户装有一台双眼灶的情况，从表中数据可看出，居民小区用户越多，灶具的同时工作系数越低。

表 9-5　居民生活用燃气双眼灶同时工作系数 K

相同燃具数(N)	同时工作系数(K)	相同燃具数(N)	同时工作系数(K)	相同燃具数(N)	同时工作系数(K)
1	1.00				
2	1.00	15	0.56	90	0.36
3	1.00	20	0.54	100	0.35
4	1.00	25	0.48	200	0.345
5	0.85	30	0.45	300	0.34
6	0.75	40	0.43	400	0.31
7	0.68	50	0.40	500	0.30
8	0.64	60	0.39	700	0.29
9	0.60	70	0.38	1000	0.28
10	0.58	80	0.37	2000	0.26

（二）管径的计算

（1）在进行计算管径时，为了简化计算，通常采用经验公式：

$$Q=0.316K(d5\Delta P/SLK_1)^{0.5} \tag{9-2}$$

式中　Q——沼气计算流量（立方米/时）；

d——管道内径（厘米）；

ΔP——压力降（帕）；

S——空气为 1 时的沼气密度（千克/立方米）；

L——管道计算长度（米）；

K——依管径而异，不同管径的 K 值列于表 9-6；

K_1——管段局部阻力，$K_1=1.1$。

表 9-6　不同管径的 K 值

D（mm）	15	19	25	32	38	50	75	100	125	>150
K	0.46	0.47	0.48	0.49	0.50	0.52	0.57	0.62	0.67	0.707

（2）为了计算方便，可利用已有的天然气低压钢管水力计算图表，根据不同的沼气密度对 $\Delta P/L$ 值进行修正。

$$\Delta P/L=(\Delta P/L)_{y=1} \cdot y \qquad (9-3)$$

式中　$(\Delta P/L)_{y=1}$——图表上查出的阻力，帕/米；

　　　　y——沼气的实际密度，千克/立方米；

　　　　$\Delta P/L$——经过修正后的阻力，帕/米。

从管道水力计算公式可以看出，在相同管径下，允许压力降越大，则管道的通过能力也越大。因此，利用大的压力降输送和分配沼气，可以节省管路的投资。但是对低压沼气管路来说，压力降的增加是有限的。由于低压沼气管路直接与用户燃具连接，管路末端的沼气压力必须保证沼气用具的正常燃烧。根据这一原则来确定沼气的干、支管、引入管，室内管的压力降，同时还应考虑沼气储气柜后的水封及阀门的阻力损失，经过详细计算，最后确定储气柜的最低输气压力。

农村沼气管网的布置，一般采用枝状管网，对于供气规模较大的小区，应尽量采用环状管网，这样容易达到用户的压力稳定和可靠供气。

（三）燃气管道及设备的防雷、防静电设计

燃气管道及设备的防雷、防静电设计应符合下列要求。

（1）进出建筑物的燃气管道的进出口处，室外的屋面管、立管、放散管、引入管和燃气设备等处均应有防雷、防静电接地设施。

（2）防雷接地设施的设计应符合现行国家标准《建筑物防雷设计规范》GB 50057 的规定。

（3）防静电接地设施的设计应符合国家现行标准《化工企业静电接地设计规程》HGL 28 的规定。

四、钢管的防腐

目前，我国沼气集中供气的管路仍以钢管为主。长距离的钢管埋入地下，由于土壤的腐蚀作用，造成管道外壁的腐蚀、穿孔。而输送含有 H_2S 及 CO_2 的湿沼气，又使管道内壁产生强烈腐蚀，其腐蚀速度与沼气在管内的流动状态有关。腐蚀破坏的区域，首先是管道底部，特别是冷凝液聚积的地方。因此，对沼气中的 H_2S 及冷凝液及时排除，是减少钢管内壁腐蚀的主要措施。

当前，对于埋地钢管采用绝缘防腐处理。常用的管道防腐材料有两种，即石油沥青及环氧煤沥青。

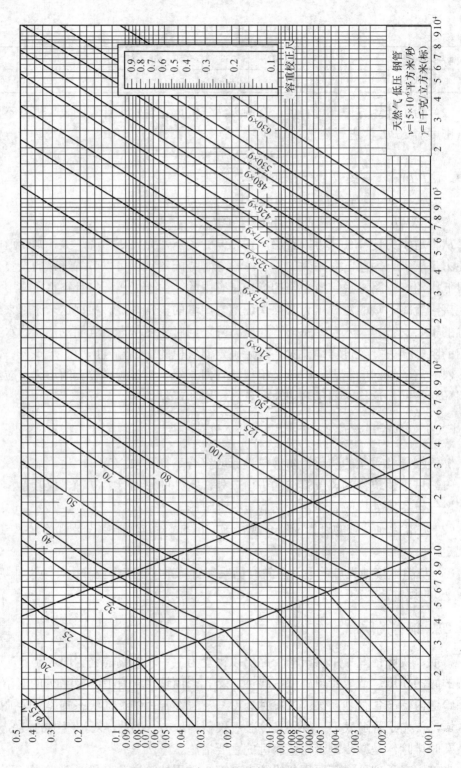

图 9-9　天然气低压管道水力计算图表

1．石油沥青

是传统的防腐材料，其特点是货源充足，价格低廉，施工工艺成熟。缺点是吸水率高达20%左右，易老化、强度低、预制后的管件在运输、焊接、下沟、回填土方过程中，涂层易损坏，耐化学介质性差，使用寿命短，加上需热涂施工，现场熬制既易烫伤工人，又易污染环境。由于石油沥青一次性投资、材料费用低于其他涂料，故有些工程仍在使用。

2．环氧煤沥青

它的特点是固体分量高、涂层致密、漆膜坚韧、耐化学介质及微生物侵蚀，吸水率小于5%，电绝缘性能好，使用寿命长，防腐效果好。现将环氧煤沥青的涂层等级、结构及寿命列于表9-7。

表9-7　环氧煤沥青防腐漆涂层结构

防腐涂层等级	涂层结构	厚度（毫米）	涂层寿命（年）
普通	底漆-面漆-面漆	0.2～0.3	20
加强	底漆-面漆-玻璃布-面漆-面漆	0.4～0.5	50
特加强	底漆-面漆-玻璃布-面漆-玻璃布-面漆-面漆	0.6～0.8	50

五、沼气管道的布置

（一）室外沼气管道的布线原则

沼气输配管网系统确定后，需要具体布置沼气管线。沼气管线应能安全可靠地供给各类用户以压力正常、数量足够的沼气，在布线时首先应满足使用上的要求，同时要尽量缩短线路，以节省金属和投资。

乡镇沼气管线的布置应根据全面规划，远近结合，以近期为主、分期建设的原则。在布置沼气管线时，应考虑沼气管道的压力状况，街道地下各种管道的性质及其布置情况，街道交通量及路面结构情况，街道地形变化及障碍物情况，土壤性质及冰冻线深度，以及与管道相接的用户情况。布置沼气管线时具体注意事项如下：

（1）沼气干管的位置应靠近大型用户，为保证沼气供应的可靠性，主要干线应逐步连成环状。

（2）沼气管道一般情况下为地下直埋敷设，在不影响交通情况下也可架空敷设。

（3）沼气埋地管道敷设时，应尽量避开主要交通干道，避免与铁路、河流交叉。如必须穿越河流时，可附设在已建道路桥梁上或附设在管桥上。

（4）管线应少占良田好地，尽量靠近公路敷设，并避开未来的建筑物。

（5）当沼气管道不得不穿越铁路或主要公路干道时，应敷设在地沟内。

（6）当沼气管道必须与污水管、上水管交叉时，沼气管应置于套管内。

（7）沼气管道不得敷设在建筑物下面，不准在高压电线走廊，动力和照明电缆沟道和易燃、易爆材料及腐蚀性液体堆放场所。

（8）地下沼气管道的地基宜为原土层，凡可能引起管道不均匀沉降的地段，对其地基应进行处理。

（9）沼气埋地管道与建筑物，构筑物基础或相邻管道之间的最小水平净距见表9-8。

（10）沼气埋地管与其他地下构筑物相交时，其垂直净距离见表9-9。

表9-8　沼气管与其他管道的水平净距　　　　　　　　　　（单位：m）

建筑物基础	热力管给水管排水管	电力电缆	通讯电缆		钢路钢轨	电杆基础		通信照明电缆	树木中心
			直埋	在导管内		≤35（kV）	>35（kV）		
0.7	1.0	1.0	1.0	1.0	5.0	1.0	5.0	1.0	1.2

表9-9　沼气管与其他管道的垂直净距　　　　　　　　　　（单位：m）

给水、排水管	热力沟底或顶	电缆		铁路轨底
		直埋	在导管内	
0.15	0.15	0.15	0.15	1.2

注：当采用塑料管时应置于钢套管内，垂直距离为0.5米。

（11）沼气管道应埋设在土壤冰冻线以下，其管顶覆土厚度应遵守下列规定：埋在车行道下不得小于0.8米；埋在非车行道下不得小于0.6米。

（12）沼气管道坡度不小于1%。在管道的最低处设置凝水器。一般每隔200～250米设置一个。沼气支管坡向干管，小口径管坡向大口径管。

（13）架空敷设的钢管穿越主要干道时，其高度不应低于4.6米。当用支架架空时，管底至人行道路路面的垂直净距，一般不小于2.2米。有条件地区也可沿建筑物外墙或支柱敷设。

（14）埋地钢管应根据土壤腐蚀的性质，采取相应的防腐措施。

（二）用户沼气管道布置

用户沼气管包括引入管和室内管。引入管是指从室外管网引入专供一幢楼房或一个用户而敷设的管道。

用户引入管的类型，各地根据各自具体情况，做法不完全相同，按管材种类可分为镀锌钢管，如图9-10及图9-11，无缝钢管如图9-12。

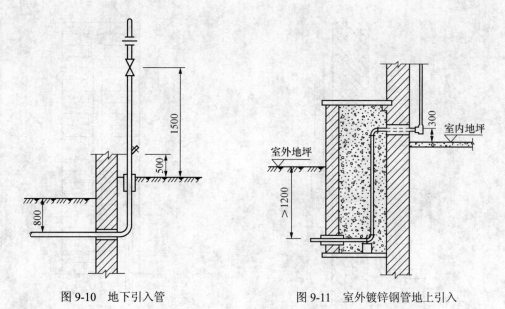

图 9-10　地下引入管　　　　　图 9-11　室外镀锌钢管地上引入

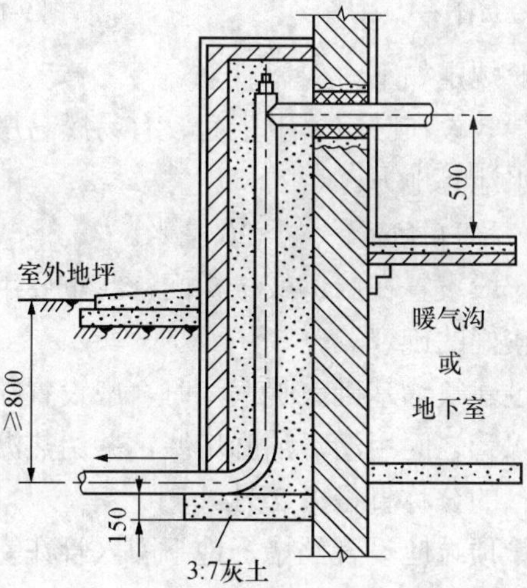

图 9-12　室外无缝管地上引入遇有暖气沟或地下室

　　按引入方式可分为地下引入和地上引入。在采暖地区输送湿燃气的引入管一般由地下引入室内，当采取防冻措施时，也可由地上引入。在非采暖地区或输送干燃气时，且管径不大于 75 毫米的，则可由地上直接引入室内。

　　按室外明立管的长短来分，有短立管如图 9-13 和长立管如图 9-14。

　　用户引入管与庭院燃气管的连接方法与使用的管材不同。当庭院燃气管及引入管为钢管时，一般应为焊接或丝接；当庭院燃气管道为塑料管，引入管为镀锌管时应采用钢塑接头。

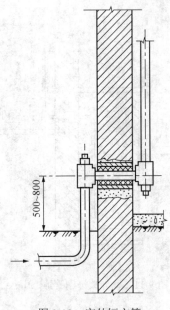

图 9-13　室外短立管

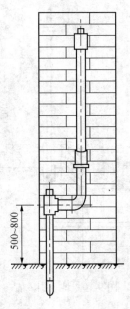

图 9-14　室外长立管

对用户引入管的一般规定如下：

（1）用户引入管不得敷设在卧室、卫生间、有易燃易爆品的仓库、配电间、变电室、烟道、垃圾道和水池等地方。

（2）引入管的最小公称直径应不小于 20 毫米。

（3）北方地区阀门一般设置在厨房或楼梯间，对重要用户尚应在室外另设置阀门。阀门应选用气密性较好的旋塞。

（4）用户引入管穿过建筑物基础或暖气沟时，应设置在套管内，套管内的管段不应有接头，套管与引入管之间用沥青油麻堵塞，并用热沥青封口。一般情况下，套管公称直径应比引入管的公称直径大 2 号。

（5）室外地上引入管顶端应设置丝堵，地下引入管在室内，地面上应设置清扫口，便于通堵。

（6）输送湿燃气引入管的埋深应在当地冰冻线以下，当保证不了这一埋深时，应采取保温措施。

（7）在采暖区，输送湿燃气或杂质较多的燃气，对室外地上引入管部分，为防止冬季冻堵，应砌筑保温台，内部做保温处理。

（8）引入管应有不小于 0.3% 的坡度，并应坡向庭院管道。

（9）当引入管的管材为镀锌钢管或无缝钢管埋设时，必须采取防腐措施。

（10）用户引入管无论使用何种管材、管件，使用前均应认真检查质量，并应彻底清除管内填塞物。

引入管接入室内后，立管从楼下直通上面各层，每层分出水平支管，经沼气计量表再接至沼气灶，从沼气流量计向两侧的水平支管，均应有不小于 0.2%的坡度坡向立管。室内表灶的安装见图 9-15。

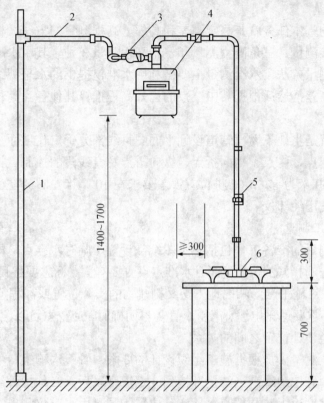

图 9-15　室内表灶的安装图

1—立管；2—支管；3—旋塞；4—煤气表；5—活接头；6—灶具

公称直径大于 25 毫米的横向行空不能贴墙敷设时，应设置在物制角铁支架上，支架间距参照表 9-10 的规定。

表 9-10　不同管径采用的支架间距

管径（mm）	方向	15	20	25	32	40	50	75	100
间距（m）	横向	2.5	2.5	3.0	3.5	4.0	4.5	5.5	6.5
	竖向	按横向间距适当放大							

六、沼气管网的施工

（一）管线的施工测量

当施工前的准备工作基本就绪，具备开工条件情况下，测量人员可以进入施工现场进行测量放线工作。管工根据地下燃气管道设计平面图、纵断图，了解管线的趋向、坡度、地下设备安装位置、管线高程、坐标等有关测量方面的知识是必不可少的，测量人员与管工密切配合，是地下燃气管道施工顺利进行的因素之一。

1. 高程测量

高程测量的基本任务就是测定高差和高程。高程测量的方法，根据使用的仪器不同，分为水准测量、三角高程测量和气压高程测量3种，其中水准测量是工程中最常用的高程测量方法。水准测量主要是利用水准仪提供的水平视线直接测定地面上各点之间的高差，然后根据其中一点的已知高程推算其他各点高程的方法。

2. 直线测量

直线测量就是将地下燃气管道设计平面图直线部分确定在地面上并要丈量点间的距离。应在起点、终点、平面折点、纵向折点及直线段的控制点打置中心桩，桩的间距在25～50米为宜，中心桩位置误差要求在10毫米左右。在桩顶钉中心钉，准确的定线可使用经纬仪。

3. 管线施工测量

（1）施工测量的准备工作包括熟悉图纸，设置1临时水准点，即把水准高程引至管线附近预先选择好的位置，而且水准点设置要牢固，标志要醒目，编号要清楚，三方向要通视。对施工有影响的地下交叉构建物的实际位置或高程（埋深），特别是地下高压电缆、重要通讯电缆、高压水管等不明确时，应挖探坑以测准它们的位置、高程与燃气管道设计位置之间的关系。

（2）放线：测量人员根据施工组织设计的要求，管线沟槽上口中心位置，在地面上撒灰线标明开挖边线。当沟槽开挖到一定深度以后，必须把管线中心线位置移到横跨沟槽的坡度板上，并用小钉标定其位置。同时用水准仪测出中心线上各坡度板板顶的高程，以及时了解沟槽的开挖深度。

（3）测挖深：当沟槽挖到约距设计标高500毫米时，要在槽帮上钉出坡度桩。第一个坡度桩应与水准点串测，其他可根据图纸的管线坡度和距离钉出越度钉，钉到一定距离后再与水准点串测、核对高程数值。管沟内的坡度桩钉好后，拉上小线按下反数（从板顶往下开挖到管底的深度）检查与其他交叉管线在高程上是否发生矛盾。如遇矛盾请设计者及施工技术员洽商决定，重新钉坡度桩。

（4）验槽：开挖沟槽至管底设计高程，清槽结束，测量人员需复测一下坡度桩，每米有一测点。槽底基础在符合设计及有关规范要求情况下，方可下管进行管道安装。

（5）竣工测量：管道结束后在回填土之前，要及时对全线各部位的管线高程和平面位置进行竣工测量，这道工序非常重要，根据竣工测量的数据，绘制永久保存的竣工图，为今后其他管线设计施工、燃气管线的运行管理维修、管线上增加用户的设计施工等提出准确资料。

① 测量内容：高程测量是测管顶的绝对高程，平面测量是测管线的中心线位置。主要控制点是：管线起止点、折点、坡度变化点、高点、排水器（抽水缸）和闸门等。在较长的直线管段上每隔30～50米有一高程控制点，每隔150～250米有一个

平面控制点。

②　平面控制测量：在小区内因永久建筑较多，可以用永久建筑物与管道的相对位置来标明管道位置，这称为栓点。只用皮尺即可在地面上量得管道转角点与永久建筑物间的水平直线距离，每个点至少应有两个与永久建筑的距离。

③　高程测量：管线的竣工高程在回填土前要及时施测，竣工高程数是管顶实测高程。

（6）绘制竣工图：竣工图一般绘出管线平面图即可。图面上应有管线埋设位置，控制点的坐标、高程及其间距，栓点数值、管径及壁厚，材质、坡向、管线与地面上建筑物的平行距离，指北针、高点和抽水缸的位置等。图标上应注明施工单位、开竣工时间及工程名称等。

（二）管道沟槽的开挖与回填

（1）管道沟槽的开挖在开挖沟槽前首先应认真学习施工图纸，了解开挖地段的土壤性质及地下水情况，结合管径大小、埋管深度、施工季节、地下构筑物情况、施工现场大小及沟槽附近地上建筑物位置来选择施工方法，合理确定沟槽开挖断面。

沟槽开挖断面是由槽底宽度、槽深、槽层、各层槽帮坡度及槽层间留平台宽度等因素来决定的。正确地选择沟槽的开挖断面，可以减少土方量、便于施工、保证安全。

沟槽断面的形式有直槽、梯形槽和混合槽等，如图 9-16、图 9-17 所示。

当土壤为黏性土时，由于它的抗剪强度以及颗粒之间的黏结能力都比较大，因而可开挖成直槽。直槽槽帮坡度一般取高：底为 20∶1。如果是梯形槽，槽帮坡度

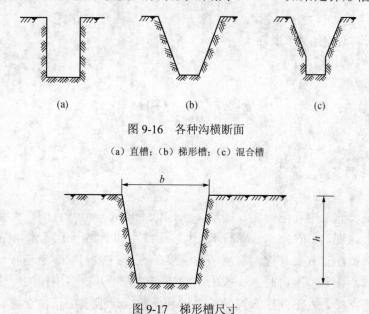

(a)　　　　　　(b)　　　　　　(c)

图 9-16　各种沟横断面

（a）直槽；（b）梯形槽；（c）混合槽

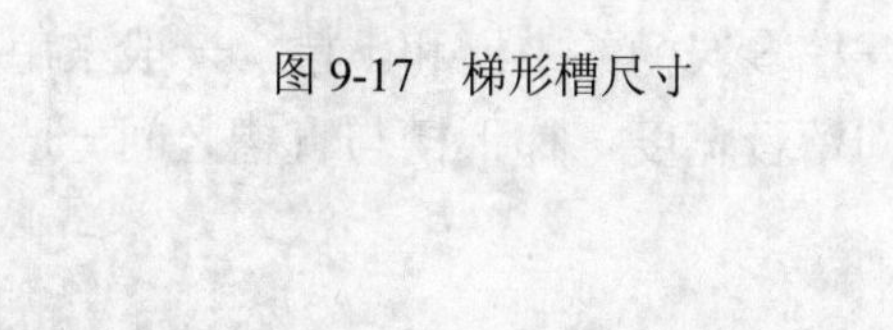

图 9-17　梯形槽尺寸

可以选得较陡。

砂性土壤由于颗粒之间的黏结能力较小，在不加支撑的情况下，只能采用梯形槽，槽帮坡度应较缓和。梯形槽的边坡见表9-11。

表 9-11　梯形槽的边坡

土壤类别	槽帮坡度（高∶宽）	
	槽深<3 米	槽深 3～5 米
砂土	1∶0.75	1∶1.00
亚砂土	1∶0.50	1∶0.67
亚黏土	1∶0.33	1∶0.50
黏土	1∶0.25	1∶0.33
干黄土	1∶0.20	1∶0.25

当沟槽深而土壤条件许可时，可以挖混合槽。沟槽槽底宽度的大小决定于管径、管材、施工方法等。根据施工经验，不同直径的金属管（在槽上做管道绝缘）所需槽底宽度如表9-12。

表 9-12　槽底宽度

管径/mm	50～75	100～200	250～350
槽底宽（a/m）	0.7	0.8	0.9

梯形槽上口宽度的确定，如图9-16。

单管敷设
$$b=a+2nh \tag{9-4}$$

式中　b——沟槽上口宽度（米）；

　　　a——沟槽底宽度（米）；

　　　n——沟槽边坡率；

　　　h——沟槽深（米）

双管敷设
$$a=DH_1+DH_2+L+0.6 \tag{9-5}$$

式中　a——沟槽底宽度（米）；

DH_1、DH_2——第一条、第二条管外径（米）；

　　　L——两条管之间设计净距（米）；

　　　0.6——工作宽度（米）。

在天然湿度的土中开挖沟槽，如地下水位低于槽底，可开直槽，不支撑，但槽深不得超过下列规定：砂土和砂砾石 1.0 米，亚砂土和亚黏土 1.25 米，黏土 1.5 米。

较深的沟槽，宜分层开挖。每层槽的深度，人工挖槽一般 2 米左右。一层槽和多层槽的头槽，在条件许可时，一般采用梯形槽；人工开挖多层槽的中槽和下槽，一般采用直槽支撑。人工开挖多层槽的中槽和下槽，一般采用直槽支撑。

人工开挖多层槽的层间留台宽度，梯形槽与直槽之间一般不小于 0.8 米；直槽与直槽之间宜留 0.3～0.5 米；安装井点时，槽台宽度不应小于 1 米。

人工清挖槽底时，应认真控制槽底高程和宽度，并注意不使槽底土壤结构遭受扰动或破坏。

靠房屋、墙壁堆土高度，不得超过檐高的 1/3，同时不得超过 1.5 米。结构强度较差的墙体，不得靠墙堆土。堆土不得掩埋消火栓、雨水口、测量标志、各种地下管道的井室及施工料具等。

挖槽见底后应随即进行下一工序，否则，槽底以上宜暂留 20 厘米不挖，作为保护层。

冬季挖槽不论是否见底或对暴露出来的自来水管，均需采取防冻措施。

（2）管道沟槽土方回填：回填土施工包括还土、摊平、夯实、检查等工序。还土方法分人工、机械两种。

沟槽还土必须确保构筑物的安全，使管道接口和防腐绝缘层不受破坏，构筑物不发生位移等。

沟槽应分层回填，分层压，分段分层测定密实度。

管道两侧及管顶以上 0.5 米内的土方，在铺管后立即回填，留出接口部分。回填土内不得有碎石砖块，管道两侧应同时回填，以防管道中心线偏移。对有防腐绝缘层的管道，应用细土回填。管道强度试压合格后及时回填其余部分土方，若沟槽内积水，应排干后回填。管顶以上 50 厘米范围内的夯实，宜用木夯。

机械夯实时，分层厚度不大于 0.3 米；人工夯实分层厚度不大于 0.2 米，管顶以上填土夯实高度达 1.5 米以上，方可使用碾压机械。

穿过耕地的沟槽，管顶以上部分的回填土可不夯实，覆土高度应较原地面高出 400 毫米。

七、架空管网的安装

室外架空燃气管道可沿建筑物外墙或支柱敷设，并应符合下列要求。

（1）中压和低压燃气管道，可沿建筑耐火等级不低于二级的住宅或公共建筑的外墙敷设；次高压、中压或低压燃气管道，可沿建筑耐火等级不低于二级的丁、戊类生产厂房的外墙敷设；

（2）沿建筑物外墙架设的燃气管道距住宅或公共建筑物中不应敷设燃气管道的房间门、窗洞口的净距：中压管道不应小于 0.5 米，低压管道不应小于 0.3 米；

（3）架空燃气管道与铁路、道路、其他管线交叉时的垂直净距不应小于表 5-10 的规定。

注：

（1）厂区内部的燃气管道，在保证安全的情况下，管底至道路路面的垂直净距可取 4.5 米；管底至铁路轨顶的垂直净距可取 5.5 米；在车辆和人行道以外地区，可在从地面到管底高度不小于 0.35 米的低支柱上敷设燃气管道。

（2）架空电力线与燃气管道的交叉垂直净距尚应考虑导线的最大垂度。

（3）输送湿燃气的管道应采取排水措施，在寒冷地区还应采取保温。燃气管道坡向凝水缸的坡度不宜小于 0.003。

（4）工业企业内燃气管道沿支柱敷设时，尚应符合现行国家标准《工业企业煤气安全规程》GB6222 的规定。

八、沼气管网的运行管理

管道系统在投入运行前需完成试压、吹扫等工序，投入运行后需定期检漏、清洗及进行日常维修保养。

（一）管道的试压和吹扫

1. 燃气管道的试压

试压包括强度试验和气密性试验。强度试验的目的是检查管材、焊缝和接头的明显缺陷。强度试验合格后进行气密性试验，试压介质一般采用压缩空气。

钢管、聚乙烯管试验压力为设计压力的1.5 倍，但不低于 0.3 兆帕；而聚乙烯低压管最低不低于 0.05 兆帕。

管道强度试验时，达到试验压力后 1 小时，用涂抹肥皂液的方法检查接头处，如有漏气，经修补后再试压直到合格为止。

气密性试验压力。对钢管中压为 0.15 兆帕；低压为 0.1 兆帕。对聚乙烯管当设计压力 $P<5$ 千帕时，试验压力为 20 千帕；当 $P>5$ 千帕时，试验压力为设计压力的1.15 倍，但不小于 100 千帕。

2. 燃气管道吹扫需分段进行

吹扫管段的末端设有放散管或利用凝水器的引出管作放散口之用，排气口应高出地面约 2.5 米，其数量和管径视吹扫段长度而定。通常用燃气直接吹扫，吹扫时现场严禁火种。

调压器设备不得与管道同时进行吹扫；吹扫应反复进行数次，当放散出的取样气体中，含氧量小于 1%，并确定杂质污物吹净，可认为吹扫工作完成。

（二）运行管理的基本任务

（1）把沼气安全地、不间断地供给所有用户。

（2）经常对沼气管网及其附属构筑物进行检查、维修，保证沼气设施的完好。

（3）迅速地消除沼气管网中出现的漏气、损坏和故障。

（4）负责新用户的接线。

（5）负责对沼气管线的施工质量监督，并参加管线竣工验收工作。

（6）负责其他单位施工时与正在运行的沼气管线发生矛盾或需要配合的事宜处理。

（7）排除沼气管网中的冷凝水。

（三）沼气管网的运行和安全技术

（1）运行中的沼气管道的检修和抢修工作，常是带气作业，因此，要严禁明火，戴好防毒面具。当在沼气管道带气操作时，沼气压力应控制在200~800帕范围之内。带气操作时，必须两人以上，沟槽上留一人观察。

（2）对低压沼气管道每月至少两次巡视，对闸井、地下构筑物的定期预防检查应同时进行。主要检查闸井的完好程度，沿线凝水器定期排除以及其他地下设施被沼气污染的程度。在闸井打开时，禁止吸烟、点火、使用非防爆灯等。

（3）沼气管道日常维护管理的主要工作之一是管道的检漏。可以根据沼气味的浓淡程度，初步确定出一个大致的漏气范围，可选用下列方法进行查找：

① 钻孔查漏。沿着沼气管道的走向，在地面上每隔一定距离（2~6米）钻一孔眼，用嗅觉或检漏仪进行检查。

② 挖探坑。在管道位置或接头位置上挖坑，露出管道或接头，检查是否漏气。

③ 井室检查。在敷设沼气管道的道路下，可利用沿线下水井、上水阀门井、电缆井、雨水井等井室或其他地下设施的各种护罩或井盖，用嗅觉来判断是否有漏气。

④ 观察植物生长。地下管道漏出的燃气到土壤中将引起树林及植物的枝叶变黄和枯干。

⑤ 利用凝水器（抽水缸）判断漏气。在按周期有规律性的抽水时，如突然发现水量大幅度增多，有可能沼气管道产生缝隙，地下水渗入抽水缸，从而也可以预测到沼气的泄漏。

巡查检漏的周期、次数应根据管道的运行压力、管材、埋设年限、土质、地下水位、道路的交通量以及以往的漏气记录等全面考虑后决定。巡查检漏工作应有专人负责、常年坚持、形成制度，除平时的检漏外，每隔一定年限还应有重点地、彻底地检漏一次，检漏方法可结合管道的具体情况适当选定。

（4）管道阻塞及排除：

① 沼气中往往含有水蒸气，温度降低或压力升高，都会使其中的水蒸气凝结成水而流入抽水缸或管道最低处，如果凝结水达到一定数量，而不及时抽除，就会阻塞管道。为了防止积水堵管，每个抽水缸应建立位置卡片和抽水记录，将抽水日期和抽水量记录下来，作为确定抽水周期的重要依据，同时还可尽早发现地下水渗入等异常情况。

② 当地下水压力比管道内燃气压力高时，对年久失修的管可能由管道接头不严处、腐蚀孔或裂缝等处渗入管内。当凝水器内水量急剧增加时，有可能是由于渗水所引起，可关断可疑管段，压入高于渗入压力的燃气，再用检漏方法，找出渗漏的地点。

③ 由于各种原因引起沼气管道发生不均匀沉降，冷凝水就会保存在管道下沉的

部分，形成袋水。寻找袋水的方法是先在沼气管道上钻孔，将橡胶球胆塞于钻孔，充气后，检查钻孔充气侧是否有水波动的声音，找出袋水后，采用校正管道坡度或增设排水器的方法，以消除袋水。

④ 对无内壁涂层或内涂层处理不好的钢管，其腐蚀情况比较严重，产生的铁锈屑也更多，不但使管道有效流通断面减少，而且还常在支管的地方造成堵塞。

清除杂质的办法是对于管进行分段机械清洗，一般按 50 米左右作为一清洗管段；对管道转变部分、阀门和排水器如有阻塞，可将它们拆下来清洗。

九、室内燃气管道的安装

1. 燃气管道设置的一般技术要求

（1）适合沼气用户使用的目的，满足炊事的需要。

（2）能保证用户安全用气。

（3）安装时比较方便。

（4）燃气装置样式美观，色调适宜。

（5）对其他室内设备没有影响。

（6）不致遭到外界的损坏。

（7）不易产生漏气的影响。

2. 户内燃气管道工程

户用燃气管道系统包括管道、阀门、燃气表、灶具及其他配件等。该系统的安装应能满足用户使用上的方便和确保安全的要求。管道、表和阀门必须安装牢固、美观，并便于日常维护管理。

户内管道安装，一般应遵循下列原则。

（1）户内燃气立管、水平管和燃气表之间的相对位置应有密切联系。要求管材经济，供气压力损失小，应取最短的管长并尽可能减少曲折，特别要考虑到维修管理上的方便。

（2）户内管的安装顺序，一般先敷设引入管，进户阀门，再安装立管、水平干管、分支立管，之后从立管上接出支管、装燃气表旋塞、挂燃气表、安装表后水平管、下垂管、最后连接燃具。

（3）引入管穿建筑物基础时，必须设置在套管内。引入管的坡度不小于 0.5%，并应坡向来气管道。

（4）户内燃气管道上的阀门，一般装设在进户总管，燃气表前、下垂管末端。为了在较长燃气管道上能够分段检查漏气，也可在适当位置上设置阀门。

（5）立管垂直安装，水平管找好坡度后，在墙上应使用钩钉、管托、管卡等加以固定，以保持管道稳固。

（6）处于气候严寒地带的燃气管道，必须考虑防冻保温措施，以防止管内结冰挂霜形成堵塞。

（7）家庭用户实行以表计量，一户一表。燃气表宜设置在室温不低于 5℃的干燥、通风良好，又便于抄表和检修的地方。表底离地面高度一般大于 1.80 米，厨房层高较低，表底也可适当降低，但最低不小于 1.4 米。

（8）燃具安装应便于操作和安全使用。每一燃具前都应安装旋塞阀。管道上阀门之后按燃气的流向应安装活塞接头。有燃气表时，表前应装旋塞阀。燃气装置所使用的管材、阀门、表和燃具等均应选用统一标准规格。以保证日常检修时零件的互换性，减少维护管理的工作量，保证燃具能安全使用。

3. 强度试验及气密性试验

对室内管路进行强度试验时，不包括燃气表和燃具。设计压力小于 10 千帕时试验压力为 0.1 兆帕；试验时可用发泡剂涂抹所有接头，不漏气为合格。

低压管道进行气密性试验时，试验压力不应小于 5 千帕。测量可采用最小刻度为 1 毫米的 U 形压力计，试验时间，居民用户试验 15 分钟，商业和工业用户为 30 分钟，观察压力表无压力降为合格。

严密性试验是一项比较麻烦的工作，任何微小漏气都会在高灵敏度的 U 形压力计上显示出来，试验压力为 9.8 千帕，观察一小时，如果压力降不超过 1.5%为合格。

在通气前，必须检查整个管道工程和所有管路上的附属设备，如表、燃具、阀门等。然后将阀门关闭，进一步检查燃气管道附近有无火源和安全设施是否完备，最后由专业人员负责通气工作。

第四节　沼气输配配件

一、管道配件

管道配件包括导气管、三通、四通、弯头、开关等。

1. 导气管

指安装在沼气池顶部或活动盖上面的那根出气短管。对其要求是耐腐蚀，具有一定的机械强度，内径要足够，一般应不小于 12 毫米。常用材质为镀锌钢管、ABS 工程塑料、PVC 等（图 9-18）。

2. 管件

管件包括三通、四通、异径接头，一般用硬塑

图 9-18　农村户用沼气池常用导气管

制品。管件内径要求不小于 12 毫米。硬塑管接头采用承插式胶粘连接，其内径与管径相同。变径接头要求与连接部位的管道口径一致，以减小间隙，防止漏气。要求所有管接头管内畅通，无毛刺，具有一定的机械强度。

3. 开关

是控制和启、闭沼气的关键附件。应耐磨、耐腐蚀，光滑，并有一定的机械强

度。其质量要求是：气密性好；通道孔径必须足够，应不小于 6 毫米；转动灵活，光洁度好，安装方便；两端接头要能适应多种管径的连接。农村户用沼气池常用铜开关、铝开关，铜开关质量好，经久耐用，应首选使用。

二、压力表

压力表是观察产气量、用气量及测量池压的简单仪表，也是检查沼气池和输气系统是否漏气的工具。农村户用沼气输气系统常用低压盒式压力表和"U"形压力表。

1. 低压盒式压力表

采用防酸碱、防腐蚀材料加工成型，直径为 60 毫米，重量 32 克，检测范围 0～10 千帕（图 9-19）。具有体积小、重量轻、耐腐蚀、压力指示准确、直观、运输携带安装方便等特点。用于沼气灶等低压燃气炉具的压力监测和沼气池密封测试等。

2. "U"形压力表

有玻璃直管形和玻璃或透明软塑管 U 形两种。一般常用透明软塑料管或玻璃管"U"形压力表，内装带色水柱，读数直观明显，测量迅速准确。

这种压力表的制作方法为：在一块长 1.2 米、宽 0.2 米左右的木板（或三合板、纤维板等）上用 1 号线卡钉上市售的沼气压力表纸；再用软橡皮套管将两根长约 1 米的玻璃管连接成"U"形（或直接用透明塑料管弯成"U"形），管内注入用 1/2 水稀释的红墨水，以指示沼气压力；"U"形管的一端接气源，另一端接安全瓶（图 9-20）。当沼气压力超过规定的限度时，便将"U"形管内的红水冲入安全瓶内，多余的沼气就通过瓶内的长管排出；当压力降低时，红水又回到"U"形管内。这种压力计不仅能显示沼气池的气压，而且能起到安全水封的作用，避免了因沼气池内压力骤增而胀裂池体，也可防止压力过大时把液柱冲出玻璃管而跑气。

图 9-19　低压盒式压力表

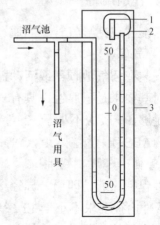

图 9-20　"U"形压力表

1—排水管；2—安全瓶；3—透明塑料管

三、沼气用具

主要作用是将沼气转变为人们生活需要的煮饭、炒菜、炖汤、照明及沐浴等。沼气用具又叫沼气燃烧器具，通过燃烧将沼气化学能转换为热能、光能，是沼气设备中最复杂、最重要的装置，它包括沼气灶、沼气灯、沼气热水器、沼气饭煲。

（一）沼气用具安装要求

（1）房间要求房间应有良好的自然通风和采光。安装沼气灯的房间高度应不低于 2.75 米；安装灶具的房间高度应不低于 2.2 米；安装热水器的房间高度应不低于 2.6 米，热水器严禁安装在浴室内。

（2）沼气灯的安装高度为灯座下缘距离室内地平面 2 米，距房屋顶棚的高度应不小于 75 厘米；灯开关的安装高度为距离地面 1.5 米。

（3）安装沼气用具的灶台高度为 60~65 厘米，窗台应高出灶具 30 厘米。在一个厨房内安装 2 台沼气灶或 1 台沼气灶、1 台沼气饭煲时，其间距应大于 50 厘米；沼气用具背面与墙壁之间的距离应大于 10 厘米；沼气用具侧面与墙壁之间的距离应大于 25 厘米。

（4）沼气用具的燃气进口和软管的连接处必须采用管箍紧密连接，不得泄漏沼气。

（二）沼气用具使用注意事项

（1）沼气用具中的旋钮开关，未经推压切勿强行转动，否则会损坏。

（2）新建沼气池启动时或沼气池大换料后，沼气甲烷纯度较低，只能用手动点火方式点火；当沼气甲烷纯度达到要求时，才能采用自动点火。

（3）电子脉冲点火沼气用具应注意以下几点：

① 启用前应按说明书要求装上电池，避免电池受潮。

② 电池电压如低于使用要求应及时更换，方法如下：打开电池盒盖，将电池按正（+）、负（-）极所示方向装入电池盒内，并盖好电池盒盖。

③ 若沼气用具较长时间不使用时，应将电池取出。

思 考 题

1. 沼气为什么要净化？沼气的净化一般包括什么？

2. 沼气脱水方法和装置是什么？

3. 如何确定沼气的脱硫方案？

4. 氧化铁脱硫剂的使用条件是什么？氧化铁脱硫剂种类及技术性能各是什么？

5. 活性炭脱硫生产主要工艺条件是什么？

6. 沼气脱硫与再生要注意什么？

7. 脱硫工艺流程是什么？系统安装及安全操作要注意什么？

8. 大中型沼气工程储气柜有哪几种？各有何特点？

9. 储气柜的布置原则是什么？

10. 如何进行管路的设计？

11. 沼气管道的布置要注意哪些问题？

12. 沼气管网如何施工？

13. 架空管网的安装应符合哪些要求？

14. 室内燃气管道的安装一般技术要求是什么？

15. 压力表是做什么用的？

第十章　户用沼气池的安全使用与故障排除

【知识目标】

　　掌握户用沼气池启动、故障排除和安全知识。

【技能目标】

　　户用沼气池启动，安全救护能力。

　　我国农村户用水压式沼气池，普遍采用半连续沼气发酵工艺。这种发酵工艺兼顾了生产沼气、有机肥和农业种植集中用肥的需要，具有良好的综合经济效益。为了多产沼气和多积肥，就必须采用先进的发酵工艺和科学管理。

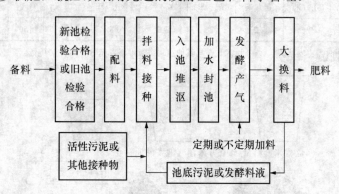

图 10-1　户用水压式沼气池使用操作流程图

第一节　沼气池的启动

　　从向沼气池投入发酵原料和接种物开始，直到所产生的沼气能够正常燃烧时止，这个过程叫启动。沼气池的启动实际上是人为地创造一个适宜沼气发酵的环境。

一、沼气池正常启动的基本原则

　　沼气池建成后，如何才能快速启动发酵呢？需满足"一闭、二充足、三适宜"的启动条件。

　　（1）一闭。"一闭"就是建造一个严格密闭的沼气发酵池。

　　（2）二充足。"二充足"就是充足的碳氮比、适宜的发酵原料，充足的接种物。

　　（3）三适宜。"三适宜"是指适宜的料液浓度、适宜的温度和适宜的酸碱度。

二、确定沼气池启动所需配料

我国农村户用沼气池中,圆筒形、椭球形、半塑式和罐式沼气池都适宜采用常温发酵和以畜禽粪便为主、秸草为辅的发酵原料。除罐式外,其他沼气池也适用于单一粪便的发酵原料,不同点仅在于发酵液配制的浓度和进料方式。曲流布料和分离储气浮罩式沼气池,只能采用单一粪便的发酵原料。其中草帽浮罩式沼气池,由于草帽形的活动盖可随时开启清除浮渣,故也适用于多种发酵原料。下面分别介绍几种代表性池型的发酵工艺及其操作。

农村户用水压式沼气池宜采用半连续发酵工艺,单一原料或混合原料入池。

发酵配料一般由发酵原料、接种物和水三部分组成。

表 10-1　8 立方米户用沼气池启动配料表

配方一			配方二			配方三				
鲜牛粪 (立方米)	接种物 (立方米)	水 (立方米)	鲜猪粪 (立方米)	接种物 (立方米)	水 (立方米)	鲜牛粪 (立方米)	鲜猪粪 (立方米)	麦秸 (千克)	接种物 (立方米)	水 (立方米)
2.4	2	3.5	2.2	2	3.5	0.8	1	150	2	3.5

注:配方三在应用时需将麦秸铡至 2～3 厘米长,与其他原料进行堆沤,充分腐熟后方可投入沼气池。

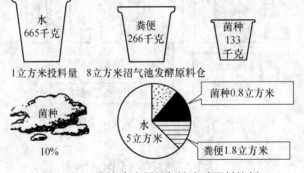

图 10-2　8 立方米户用沼气池启动配料比例

三、收集发酵原料

为了保证沼气池启动和发酵有充足且稳定的发酵原料,在投料前,需要选择有机营养含量丰富的牛粪、猪粪、羊粪和马粪作启动的发酵原料。不要单独用鸡粪、人粪和绿豆渣或甘薯渣、马铃薯渣,因为这类原料在沼气细菌少的情况下,料液容易酸化,导致发酵不能正常进行。

一座 8 立方米沼气池,装料率按 80%～85%,料液浓度按 4%～6%计算,需要鲜猪粪 2.5～2.9 立方米或鲜牛粪 2.27～3.4 立方米。

四、收集接种物

阴沟污泥、湖泊与塘堰沉积污泥、正常发酵的沼气池底部污泥和发酵料液以及陈年老粪坑底部粪便等，均富含沼气微生物，特别是产甲烷菌群，都可采集为接种物。

（1）新池投料或旧池大换料，应加入占原料量 30%以上的接种物，或留 10%以上正常发酵的沼气池底部沉渣，或用 10%～30%的沼气发酵料液作启动接种物。

（2）若接种物需要量大，当地又难获取，可进行扩大培养。其方法是将所选取的接种物，按上面所提出的用量比例，加入发酵原料中，厌氧富集培养。每天搅动一次，直到所产气体的甲烷含量达到 50%以上或能正常燃烧，即可使用。如一次扩大培养仍不够用，可继续扩大培养，直到满足需要为止。

（3）新建沼气池，又无法采集接种物，可用堆沤 10 天以上的畜粪或陈年老粪坑底部粪便作接种物。用量仍占原料量的 30%以上。

对农村沼气发酵来说采用下水道污泥作为接种物时，接种量一般为发酵料液的 10%～15%；当采用老沼气池发酵液作为接种物时，接种数量应占总发酵料液的 30%以上；若以底层污泥作接种物时，接种数量应占总发酵料液的 10%以上。如果接种物收集得很少，可以进行扩大培养，如第一次扩大培养不够，还可以继续扩大培养，直至满足需要。

使用较多的秸秆作为发酵原料时，需加大接种物数量，其接种量一般应大于秸秆重量。牛粪既是一种很好的接种物，又是最好的启动发酵原料。

五、投料

打开活动盖板，拔掉导气管上的输气管，然后将准备好的发酵原料和接种物混合在一起，投入池内。将池中发酵原料和接种物铺平后，再装入牲畜粪便和人粪尿。所投原料的浓度不宜过高，一般控制在干物质含量的 4%～6%为宜。以粪便为主的原料，浓度可适当低些。投入的发酵原料一般为沼气池总有效容积的一半左右。

发酵料液浓度是指原料的总固体（或干物质）重量占发酵料液重量的百分比。在沼气发酵中保持适宜的发酵料液浓度，对于提高产气量，维持产气高峰是十分重要的。

在我国农村，根据原料的来源和数量，沼气发酵通常采用 6%～12%的发酵料液浓度是较适宜的。沼气池最适宜的发酵浓度也因启动的季节不同而不同：夏季由于气温较高，原料分解快，发酵料液浓度可以放低一些，一般以 6%～8%为宜；冬季原料分解较慢，应适当提高发酵料液浓度，通常以 10%～12%为宜。同时，对于不同地区来讲，所采用适宜料液浓度也有差异，一般来说，北方地区适当高些，南方地区可以低些。总之，确定一个地区适宜的发酵料液浓度，要在保证正常沼气发酵的前提下，根据当地不同季节的气温、原料的数量和种类来决定，合理的搭配原料才能达到均衡产气的目的。适宜的发酵料液浓度不但能获得较高的产气量，而且会有较高的原料利用率。

表 10-2　每立方米发酵原料的参考配比（千克）

配料组合	6%发酵料液浓度		8%发酵料液浓度		10%发酵料液浓度	
	加料	加水	加料	加水	加料	加水
猪粪	333	667	445	555	553	442
牛粪	353	647	471	529	558	412
猪粪+牛粪	112+240	647	150+320	530	208+400	412
牛粪+马粪	120+240	640	160+350	490	220+420	360

六、加水封池

原料和接种物入池后，一般经过一两天的堆沤，发酵原料的温度可上升至 40℃以上，此时应及时加水密封。

（1）加水。加入沼气池的水可依次选用沼气发酵液、生活废水、河水或坑塘污水等，也可使用井水或自来水，但不得使用含有毒物质的工业废水。水要加到储气间顶部，直到沼气池内的空气全部排出。

一座 8 立方米的沼气池，鲜猪粪需加水 2.4～3.9 立方米，鲜牛粪需加水 3.4～4.5 立方米。加入沼气池的水最好是经阳光晒过的温水，不能图方便直接抽取井水加入沼气池（因井水温度较低，沼气池启动慢）。如果要用井水，应将井水抽出日晒增温后入池。

正确加水步骤：

第 1 步：先在出料间管口上沿约 0.3 米处做一记号，将经预处理后的原料，按要求投入池内，加水（含有接种物的料液）直至天窗口颈。

第 2 步：将活动盖密封严实，疏通导气管，接上输气管，安装好配件，使全池处于完全密封的状态。

第 3 步：再从出料间排出清水，使水位降至所做记号处即可。

这样做既可保留合理的储气间空间，又可使池内的空气减少到最低限度，为沼气微生物的繁衍创造一个理想的厌氧环境。密封后立即排水，因池内尚未开始产气，料液不会淹没或堵塞导气管。

（2）检测发酵料液的酸碱度（pH）。加水完毕，即用 pH 试纸检查发酵料液的酸碱度，沼气微生物生长适宜的 pH 为 6.8～7.5。当 pH<6.5 时，表示发酵料液偏酸，可以采取以下措施来增加 pH 至 7.0 左右。

① 加入适量的草木灰。

② 适当多加一些接种物。

③ 取出部分发酵原料，补充相等数量或稍多一些的含氮发酵原料和水。

④ 将人、畜粪尿拌入草木灰，一同加到沼气池内，不但可以提高 pH，而且能

提高产气率。

⑤ 加入适量的石灰水，但不能加入石灰，而是加入石灰水的澄清液，同时还要把加入池内的澄清液与发酵液混合均匀，避免强碱对沼气细菌活动的破坏。

当 pH>7.5 时，表示发酵料液偏碱，可用事先铡成 2～3 厘米长的青杂草浇上猪或牛的尿液并在池外堆沤处理 2～3 天，再从进料口投入池中并搅拌均匀，使新加入的青杂草与池中料液充分接触，使 pH 尽快恢复至 7.0 左右。

调整 pH 值所添加的物质，切忌过量。一般不采用加水稀释的办法来调整 pH 值，以免降低发酵液浓度。

（3）封池。当 pH 在 6.5 以上时，即可封池。封池后，及时将输气管、压力表、开关和灯、炉具安装好，并关闭输气管上的开关。

（4）密封活动盖。为了防止漏气，或产气过旺时冲开活动盖，必须对活动盖进行密封。选择黏性大的黏土和石灰粉，先将不含沙的黏土捶碎，筛去粗粒和杂物，按（3～5）：1（质量比）的配比与石灰粉混合均匀后，加水拌和揉搓成面团状，即可用来密封活动盖。密封好活动盖后，打开沼气开关，将水灌入蓄水圈内，养护 1～2 天就可关闭开关使用。

七、放气试火

封池后，当压力上升到 3～4 千帕时，开始放气。第一次排放的气体主要是二氧化碳和空气，甲烷含量很少，一般点不燃。当压力再次上升到 2 千帕时，进行第二次放气，并开始试火。如果能点燃，说明沼气发酵已经正常启动，次日即可使用。但应特别注意，试火一定在沼气灶具上进行，不能在沼气池导气管上直接试火，以防回火引起沼气池内爆炸。在沼气灶具上开始试火，只能用手动点火，要先关闭灶具的调风门，直到调风门完全开启燃烧火焰正常时，表明发酵启动阶段已经完成。

正确点火试气的方法：

（1）排放杂气 1～2 次后，将输气管头捏扁，只留一点小缝，牵向背风处，对着墙壁打开开关，可听到"嘶嘶"输气声，擦划火柴，管口试烧，如燃烧则可用，否则需继续排放。

（2）当压力表上水柱逐日增高，燃烧时蓝色火焰上飘，说明池中沼气已经充足，可调好风门，正常燃烧。

八、冬季启动沼气池的技巧

当气温下降到 10℃ 以下时，由于产甲烷菌活性极低，甚至于失去活性，造成沼气池难以启动。下述方法可以有效地解决沼气池冬天启动难的问题。

1. 备料

（1）首先要确定加料总量，按接种物：粪原料：水=1：2：5 备好。

（2）选择使用时间很长的老猪粪坑中的粪，并加入新鲜猪粪。用棍搅拌至有气泡产生，粪面上发黑。这种粪可作为接种物和粪原料。在粪坑上盖上塑料布，四周用土压好，让日光加温。如果是新鲜猪粪，择晴天在日光照射比较好的地方进行原料堆沤。地面铺上塑料薄膜，将肥料与接种物拌匀，分层洒水，以粪底部不流水为宜。上盖塑料薄膜，晚上保温，堆沤时间为5～7天。

2. 烧水

在池边支一口大锅烧水，至20℃时加入池内。第一次加的水不宜过热，注意池内温度不要高于25℃。烧火加热水的同时，把火炭加入池内，让池内产生蒸汽以提高池壁温度。如此操作至加够池内所需的5份水量。最后加入堆沤好的接种物和粪。封好池盖，池体注意保温，3～5天可以产气点火。沼气池在启动后2～3天内产生的气体因甲烷含量少，杂气多，需要进行多次放气，然后才能正常使用。

九、沼气池启动中常见的问题

（1）哪些物质不能作为发酵原料放入沼气池。沼气池发酵对原料要求并不是很高，一般农村户用沼气池投料选择农牧动植物材料均可，但并不意味着所有农业材料均可投入沼气池发酵。为保证沼气池安全运行，以下物质不能放入沼气池。

① 化学物质。在沼气池进料时，电石、各种剧毒农药或刚喷洒了农药的作物茎叶、刚消过毒的禽畜粪便，都不能进入沼气池，以防杀死沼气细菌。一旦发生这种情况，应将池内发酵料液全面清除，并用清水将沼气池冲洗干净，然后重新加料。此外，油渣、骨粉、磷矿粉也不能入沼气池，以防产生对人体有严重危害的剧毒气体磷化氢。

② 植物。多数植物都可用来做沼气池的原料，但并非所有植物都可以入池。如核桃叶、银杏叶、猫儿眼、黄花蒿、臭椿叶、泡桐叶、水杉叶、梧桐叶、苦楝叶、断肠草、辣子梗、烟梗及一些辛辣蔬菜老梗等植物体，要严禁入池。因为它们含有抑制或杀死甲烷菌的成分。另外，豆饼、花生饼、棉子饼等在空气不足的条件下会产生磷化氢，不仅对甲烷菌不利，且人、畜接触后容易中毒，故此类麸饼也严禁入池。

③ 鸡粪。沼气池可以进猪粪、牛粪、鸡粪等畜禽粪便和人粪便，但不能直接用鸡粪做启动原料。

特别要注意的是，沼气池内不能放入洗涤剂、电池、消毒剂，更不能放入农药、柴油。否则，会导致池内长期不产气。

（2）如何防止牛粪浮壳。牛粪进池发酵最大的弊端是：容易漂浮于水面，时间长了产生结壳，阻止气体输出，影响正常用气。产生浮壳的主要原因：一是入池的牛粪一般是干粪，亲水性差，易漂浮；二是牛为反刍动物，粪便中所含纤维质地轻，浮于水面互相挤压，就会逐渐结为厚壳。

具体操作：

① 将干牛粪或大半干的牛粪，用沼液浸润后捣烂，使原料吸足水分，密度增大，

这样入池后亲水性好，容易沉于池底。

② 每天从出料间挑几担料液，由进料口冲灌入池内，其防止牛粪结壳的效果比用棍棒机械搅拌的还要好。

③ 如出现结壳，应及时开启活动盖，取出结壳换新料或重新加水捣烂入池。

（3）如何处理菇渣浮壳。由于菇渣含水量少，质地较轻，投池后容易发生浮料结壳的现象，影响正常用气，这也是人们不愿利用的原因之一。

解决办法：

① 投池前可用污泥、阴沟水，最好是发酵好的老沼气池、粪坑水，做接种物浸泡、堆沤或泼洒，使其充分吸水预湿，增加自重，以利下沉。

② 投池后，在发酵初期，应勤加搅拌，这是有效的防治措施。

③ 和粪便、青杂草等其他发酵原料混合堆沤后投池，效果会更好。

（4）如何处理秸秆投料后启动较慢。发酵原料不足，特别是粪类原料短缺，已成为农村沼气建设发展的障碍因素之一。待池子建成后，再收集人畜粪便，将会影响产气时间。全部用秸秆作发酵原料，发酵启动较慢，而在使用秸秆投料的同时适当添加氮源，代替人畜粪便发酵启动，便能有效地解决这一问题。

具体操作：

① 秸秆适当堆沤。将秸秆铡短，用秸秆总量5%的石灰水，逐层泼洒于秸秆上进行堆沤。待温度达60℃左右时翻堆一次，再次达60℃时可接种投池。

② 加足接种物。接种物不应少于发酵料液的10%。可用发酵较好的沼气池底污泥和下水道污泥各一半加以混合堆集待用。

③ 添加氮源投池。在秸秆与接种物拌和的过程中，用秸秆总量2%~3%的碳酸氢铵（用尿素只需1%）做氮源添加投池。方法是按每千克碳酸氢铵加水50千克的比例溶解后，加入料中拌匀，立即投池，加盖密封。一般夏、秋季节，过2~3天就可用气。

用碳酸氢铵（或尿素）调整秸秆的碳氮比，是启动的关键技术。作物秸秆含氮量少，碳氮比一般在50∶1~87∶1，用此法处理后其碳氮比在23∶1左右。

（5）如何处理猪粪难发酵问题。猪粪是产沼气的发酵原料。但是，随着养猪新技术的推广，全价配合饲料被广泛应用，有的饲料生产厂家为了使猪食用自己的产品后长得快、出栏早，就在饲料中添加了超过国家标准规定的多种元素，猪吃后有相当的元素残留在粪中，这种猪粪入池后很难产气。

对此可采用如下操作：

① 为了减少猪粪中的有害物质，可将猪粪在池外预处理15天左右，让有害物质在预处理池内沉淀，有毒气体充分挥发。

② 可多投入牛粪及其他秸秆增大碳氮比。

③ 低浓度启动，高浓度运转。将预处理过的猪粪投入池内1/2，增大甲烷菌种量使沼气池正常产气。

（6）如何掌握新池启动加水时间。许多农户建起沼气池后，用气心切，往往一投料就加水；有些技术员图简便，一边装料，一边加水。这些都是沼气池及时有效启动的大忌，加水不当，极易导致沼气池不能正常启动，影响用气。

新池投料，若加水过早，发酵温度过低，原料处于冷浸状态，产气缓慢；若加水过迟，原料没有足够的水分，其营养物质难以溶解，微生物无法吸收利用，同样也不能正常产气。

实践表明，池内原料温度达 40～60℃时，是最理想的加水时间。因此，新池加水要做到：

① 新池投料后加水，不仅要适时，而且最好是用淡粪水或老池发酵较好的沼液或者沟渠塘水。一般不用自来水，因自来水温度较低，且水中的漂白粉成分会影响产气。

② 无人工加温的条件时，为保证微生物分解所需的温度，投料、加水都应该选择在晴天的午后进行。

第二节　沼气池的运行故障排除

一、病态沼气池的原因与维修

（1）何谓病态沼气池。病态沼气池是指漏水、漏气和不产气的沼气池，通常是指"病态"的水压式沼气池。

（2）病态沼气池的类型。病态池按故障的严重程度分为严重故障、一般故障和小故障三种类型。

① 严重故障是指沼气池壳体部分受到损伤，如池墙裂缝，池底裂缝或局部沉陷，拱顶与池墙连接处裂缝，拱顶与顶口圈梁裂缝等造成漏水、漏气等。必须经过大修才能恢复正常。

② 一般故障是指粉刷密封层起壳、龟裂及进、出料管断裂，进、出料管与池墙连接处裂缝，换料时池体受到机械损伤或其他原因造成的漏水、漏气等。必须经过中修才能恢复。

③ 小故障是指壳体与粉刷层基本完好，但由于储气间或池墙部分有少量砂眼和毛细孔造成慢性漏气、渗水；或是沼液中的有机酸和硫化氢等对储气间内壁水泥浆发生腐蚀作用；或活动盖封闭不严；或导气管松动等。通过小修即可恢复。

（3）病态沼气池的故障原因。病态池故障原因主要有：

① 设计布局及施工方面地址选择不当，地下水没处理好；没按图纸设计要求施工，壳体强度不够；地基土质过松软或松紧不均匀，没有采取加固措施，使池子受力不均而胀裂或沉陷；进出料管与池体结合部位衔接不好，池体下沉时使连接处裂缝；施工工艺不合要求，如水灰比和沙石级配不当，混凝土有蜂窝面空洞，养护不良；粉刷质量差，压抹不实，毛细孔多；密封层次不够；粉刷层与壳体黏结不牢等。

② 材料方面。水泥及混凝土等建材标号不够；混凝土和砂浆级配不合要求，沙石含杂质较多。

③ 管理方面。在使用过程中，池内储气气压过高，试水试压或大出料时速度过快，造成正负压差过大；建池时养护不好，太阳暴晒或冰冻，使混凝土产生细微的水缩、龟裂；出料后长期空池，造成干裂或浸水胀坏沼气池等。

（4）病态沼气池的诊断方法。对病态池的诊断应从两个方面进行：首先要搞清病态池故障的原因及性质，是由于沼气池本身漏水、漏气，还是发酵受阻或是输气系统漏气造成的，是哪方面原因造成的；其次搞清病态池渗漏的严重程度和需要维修的准确部位。

诊断病态沼气池故障的方法是一问、二看、三检查。

一问，就是向用户询问使用情况。弄清楚是一向如此还是近期突然发生。如系前者，则多半是进料少或池体密封差；如系后者，则多半是管道损坏或有害物质进入池中，或沼气池胀裂。

二看，就是现场察看。看管道安装是否合理，有无松动；水压间内料液升降高度痕迹和料液浓度如何，以便进一步判断。

三检查，就是检查整个沼气系统。一般先从管道入手，试压检查输气系统是否漏气，如果不漏气，就要检查池体。如果沼气池内有发酵原料，则采用正负压检查，断定是产气慢，还是漏气等原因。如果沼气池已出空，先用直接检查法，即仔细观察沼气池内外有无裂缝，导气管孔隙是否松动，用小木棒叩击池内各个部位，如果有空响说明抹灰层翘壳；还要观察池壁是否有渗水现象，对于不明显的渗水部位，可在其表面均匀地撒上一层干水泥，如出现湿点或湿线，即为漏水小孔或漏水缝。

（5）病态沼气池的维修方法（见表10-3）。

表 10-3　几种病态沼气池的维修方法

沼气池的病态	维修方法
裂缝	将裂缝凿成"V"形，用纯水泥浆扫刷一遍，再用1∶1水泥砂浆填塞"V"形槽，压实、抹光，待水泥砂浆12小时凝固后，再用纯水泥浆刷3～4遍
抹灰层翘壳或剥落	将翘壳或剥落处铲除，冲洗干净，重新按抹灰施工操作程序，分层上灰，薄抹重压，涂刷纯水泥浆
渗水	有地下水渗入池内，用水玻璃堵塞水孔。在堵塞时，速度要快，尽量在几秒钟内完成。如果渗水孔流量大，且水压高，则用长5厘米、内径1厘米的软塑料管插向渗水处，在四周用1∶1水泥砂浆与水玻璃结合封堵，然后堵上塑料管口，加一层1∶1水泥砂浆覆盖
导气管与混凝土交接处漏气	将导气管周围部分凿开，拔出导气管，重新灌筑标号较高的水泥砂浆或细石混凝土，局部加厚，确保导气管固定，然后抹一层1∶1水泥砂浆和粉刷纯水泥浆
池下沉拉开	将拉开部位凿开到一定宽度和深度的沟槽后，填灌200号的细石混凝土，24小时凝固后抹灰和刷纯水泥浆

续表

沼气池的病态	维修方法
进料管中间部位漏水	根据进料管直径大小，用一段直径比它小2厘米的塑料管插入，确定两管之间间隙均匀后，用1：2的水泥砂浆灌入，适当轻拍细管，使水泥砂浆充实，并在管口两头加些水泥砂浆压实抹光
漏气地方不明显	将发酵间储气部位先冲洗干净，然后用纯水泥浆扫刷3遍
沼气池整体处理	为促进维修部分新老交接处的吻合和防止水泥受料液的腐蚀，进一步提高沼气池气密性，还需进行沼气池的整体处理，即用沼气专用密封剂拌水泥扫刷沼气池一遍，用法和用量以涂料上说明为准，然后再进行沼气池的气密性测试，测试合格就可以启用

二、沼气池常见故障及排除方法

沼气池常见故障及排除方法（见表10-4）。

表10-4　沼气池常见故障及排除方法

故障现象	故障原因	排除方法
从水柱压力表上看水柱上升时快时慢，当水柱上升到一定高度时就不再上升	①沼气池的储气间与发酵间的衔接部位有漏洞，当料液淹没漏洞时，不漏气；当沼气压力把料液压下后，漏洞露出，就漏气 ②当产气增多时，发酵液面与进、出料口的下沿相平，沼气从进、出料口溢出	①及时检查，做出正确判断，将池顶部导气管打开，在储气间水位线标上记号，若水位下降说明漏气，必须清池，进行修补 ②应增加发酵原料和水，使池内发酵液面上升至高于进、出料口上沿
新池装料密封后，压力表水柱长期不上升	①沼气池密封性不强，可能漏水漏气 ②发酵液过酸或过碱 ③发酵液中有毒性物质，如农药、矿物油等 ④池温太低，影响沼气池微生物的活动	①新池应进行试压检查，必须达到建池质量标准，不漏水、不漏气才能使用 ②添加接种污泥或老沼气池中发酵液、渣肥，注意检查发酵液的酸碱度，调节pH为6.8～7.5 ③严禁毒性物质入池，已入池的要取出，再用清水冲淡 ④提高池温至12℃以上
开始产气正常，以后明显下降，或者压力表水柱不上升，打开开关后，水柱不动	可能是沼气池漏气、活动盖漏气，或池体漏水、漏气	先查活动盖是否漏气，如不漏气再查池体是否漏气或漏水，若漏则清池进行修补
压力表水柱虽高，但气很快烧完	水压箱容积过小	可增加一个水压箱副箱，以扩大水压箱面积
压力表水柱上升到一定数值后，活动盖边沿有漏气现象	①活动盖与天窗口不密合或封池黄泥过稀，密封后没有压紧 ②密水圈干燥开裂 ③没有安锁盖插销，气压升高后把活动盖冲起	①天窗口与活动盖尺寸要精确，便于两者密合。封池黄泥要调成砖坯状泥团，其中不能有粗沙粒 ②要保持密水圈内有水，使密封黄泥保持湿润 ③安锁盖插销，活动盖密封后压紧锁住

续表

故障现象	故障原因	排除方法
压力表水柱在低压时上升较快，随后逐渐减慢，到一定数值就不上升了	储气间毛细孔多，因漏气与压力成正比，随着压力的增加，漏气越来越多。当漏气与产气相等时，水柱就不上升了	取出发酵液，用纯水泥浆或石灰涂刷储气间内壁，加强密封

三、发酵原料常见故障及排除方法

发酵原料常见故障及排除方法（表 10-5）。

表 10-5　发酵原料常见故障及排除方法

故障现象	故障原因	排除方法
新池子，加料很久不产气或产气点不着；开始产气好，过一段时间就差了；进、出料口不冒泡	①加水过凉，温度过低 ②发酵料液变酸 ③没有加接种物 ④加入的发酵原料中，含有能杀死沼气细菌的有毒物质	①发酵原料先堆沤，发热后进料，要加入经太阳光晒热的温水 ②先用 pH 试纸测定，确定偏酸性，再用石灰水或革木灰中和 ③加入含沼气细菌的接种物，如活性污泥等 ④重新换料
发酵原料充足，但产气不足，进、出料口经常冒气泡	浮渣结壳	打开活动盖板，搅拌发酵原料
大换料 3 个月后，产气越来越少	原料不足	添加新料
沼气压力表上的水柱虽高，但火力不足	沼气中含甲烷量少，发热量少	调节好发酵原料的酸、碱度，加添含产甲烷菌多的活性污泥
压力表水柱上升很慢，产气量低	①发酵原料过少或发酵液的浓度过低 ②干原料未经堆沤，下池后浮在液面上，或者原料搭配不合理，粪料过少	①新池要加足原料，有条件的地方可装满料，提高干物质浓度 ②添加易分解的原料，如人畜粪便，干原料要进行池外或池内堆沤
压力表水柱上升到一定度数后不再上升，进、出料间冒气泡	①池内水位过低，沼气储满气箱后把发酵液挤出，使池内液面与进、出料间的下口相平，沼气便从进、出料间冒出 ②用不及时，池内储气过多	①从进料口加水加料，提高池内水位 ②要适时用气，不要使储气间内储气过多，有条件的地方可另设装置（如浮罩储气罐），把池内沼气引出来储存
进、出料管的液面不在同一水平面上	进料时草料堵塞在进料管中，使进料管中上、下水液不通	清除进料管中的堵塞物
从出料管取肥，有时压力表内的染色水会倒流入输气管中	当开关、活动盖未开时，在出料间里出肥过多，池内液面迅速下降，有时出现负压，把压力表内的染色水吸入输气管中，造成通气障碍	大出料应在天窗口进行；小出料时，出多少进多少，使进、出料保持平衡，防止出现负压
打开活动盖出料，肥都结成了硬壳，堵塞在天窗口下无法取出	由于水压池的储气间在发酵间的液面上，发酵后，草料浮起，充塞储气间，久之结成板块，成为硬壳	先从出料间取出发酵液，使池内液面下降，浮渣也下降，离开顶盖；再用尖木撬开硬壳；然后用四齿撬钩耙，逐渐取出
刚加料后，有时压力表水柱突然升高	入池原料结成团块，发酵后浮上液面使水箱内的沼气产生冲压	原料下池要散开，使之分布均匀，这不仅可以避免产生冲压，也有利于发酵产气

第三节　安全常识

沼气是一种投资少、见效快，能给人类造福的高品位清洁生物能源。但是它和水、电一样，当人们没有掌握其安全使用知识和技术的时候，也会给人类带来灾害。使用沼气容易发生的事故，主要是窒息中毒、烧伤和火灾等。

一、沼气窒息中毒原因

空气中的二氧化碳含量一般为 0.03%～0.1%，氧气为 20.9%。当二氧化碳含量增加到 1.74%时，人们的呼吸就会加快、加深，换气量比原来增加 1.5 倍；二氧化碳含量增加到 10.4%时，人的忍受力就不能坚持到 30 秒钟以上；二氧化碳含量增加到 30%左右，人的呼吸就会受到抑制，直至麻木死亡。按氧气来说，当氧气下降到 12%时，人的呼吸就会明显加快；氧气下降到 5%时，人就会出现神志模糊的症状；如果人们从新鲜空气环境里，突然进入氧气只有 4%以下的环境里，40 秒钟内就会失去知觉，随之停止呼吸。而沼气池内，只有沼气，没有氧气，二氧化碳含量又占沼气的 35%左右。所以，在这种情况下，很自然就会使人窒息中毒。如果沼气池里有含磷的发酵原料，还会产生剧毒的磷化三氢气体，这种气体会使人立即死亡。

这种情况多数发生在沼气池准备大出料时。因为活动盖已打开好多天了，人们误以为沼气池里的有害气体已经排除干净，马上就下池。实际上，比空气轻一半的甲烷已经散发到空气中去了；但是，比空气重 1.53 倍的二氧化碳却不容易从沼气池散发。因此，在二氧化碳比较多的情况下，人们一旦进入沼气池就会窒息。长时间不用的沼气池又被利用时，有的农户以为这些沼气池早就无气了。可是当把池内表面结壳戳破的时候，马上就有大量的沼气冒出来，使人立即窒息中毒。

二、沼气窒息中毒预防

（1）建造离地面比较浅的沼气池。尽量避免下池操作，把沼气池的深度控制在 2 米以内。这样，清除池里的沉渣可以在池外进行。万一进入池内发生危险时，也便于抢救。

（2）入池前，一定要把池内沼液抽走，使液面降至池壁上进、出料口以下，充分通风，放净沼气。先把鸡、鸭、兔等小动物放进去试验，证明确实没有危险后，在下池操作。

（3）下池工作时，池上要有人守护。下池工作的人员要系上保险带，一旦发生危险，池上的守护人员可立即抢救。

（4）室内沼气池泄漏中毒的应急处理。冬季，煤气中毒时有发生。一旦发生室内沼气泄漏，首先应切断电源，小心打开门窗，排除泄漏的沼气（防止发生爆炸）。应及时将中毒人员抬出室外抢救。

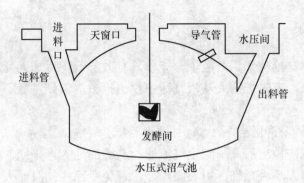

图 10-3 水压式沼气池放气及活物试验模式

图 10-4 下池人员系好安全带，在池外人员监护下入池检查

三、沼气中毒表现

1. 轻型中毒

其主要表现是恶心、昏倒、不省人事；但脱离沼气气体后，呼吸加深，能张口吸气，一般情况下数分钟后可以清醒。

2. 中型中毒

病人从沼气池中救出后，出现阵发性、强直性全身痉挛、昏迷，脸色苍白，心跳、呼吸加快，瞳孔变小，随后转为正常；经过抢救转好后，对曾经发生的事表现失忆，定向力发生暂时障碍，但仍能恢复。

3. 重型中毒

病人出现昏迷、轻微抽搐，呼吸停止，但心脏跳动仍能继续，像中毒病人死亡样子，尸体发紫色，如果抢救及时，还有治好的可能。

中毒的轻重与沼气池中停留的时间长短有关系。所以，一旦发现异常情况，要及时向池中通风救人，能最大限度地保证中毒人转危为安，不能惊慌失措，失去抢救病人的良机。

病人经抢救脱险后，在一定时间内（大多数在 24 小时），仍会有乏力、胸闷、干咳等不适感觉，甚至会引发支气管炎，要注意监护，多呼吸新鲜空气。

四、中毒抢救

掌握一定的中毒抢救知识，能争分夺秒，有效降低中毒病人死亡的概率。如果发生沼气中毒现象，应先把病人从沼气池中拉出抢救，做到不慌不乱，组织有序，严禁围观。

1. 保温、通风、请医生

患者从沼气池被拉出后，抬到空气流通、温暖的地方，平躺，头部稍低，解开衣扣和腰带，使病人呼吸顺畅，用衣服盖好，避免受凉；同时派人请医生诊治，或送医院处理。

2. 急救方法

在沼气规模较大的乡村卫生所（院），需要备一些冬眠灵、非拉根、安定、鲁米那钠、可拉明、阿托品等急救药品，以防万一。中毒后常用处理方法：

（1）痉挛的处理

① 冬眠灵或非那根（复方氯丙嗪），成人每次25～30毫克，儿童每千克体重1毫克，肌肉或静脉注射，静脉注射时按要求加量，忌用吗啡和杜冷丁。

② 安定，成人每次10～20毫克，儿童每千克体重0.04～0.2毫克，用特定助剂稀释后缓慢静脉注射，效果如果不好，1小时后再注射一次。

③ 鲁米那钠，成人每次0.1～0.3克，儿童每千克体重5毫克，肌肉注射。

④ 阿米托钠，成人每次0.1～0.3克，儿童每千克体重5毫克，肌肉注射。

（2）呼吸停止的救治

① 人工呼吸。常用的人工呼吸方法有仰卧压胸法和吹气式人工呼吸法。

a. 仰卧压胸式人工呼吸法。首先使病人仰卧，腰部稍稍垫高，四肢伸直，头向后稍仰，把嘴弄开，舌拉出。然后操作者骑在患者的大腿部，两手平放在患者下胸部，拇指靠近胸口，其余四指稍弯伸平，用稳定不变的压力向前、向下压，然后恢复原状，如此反复一压一放，施压频率按正常人呼吸频率，每分钟15～18次，儿童可适当增加次数。

b. 吹气式人工呼吸法。使患者仰卧，方法同上，然后用纱布（或手帕）蒙住患者的鼻或口，操作者深吸一口气，口衔住患者鼻子（或口对口），用力吹气进入鼻孔，同时，用手闭住患者的嘴，不使气体漏出，反复吸气、吹气，频率仍按常人呼吸频率进行施救。

② 肌肉注射。用山梗茶碱（洛贝林），每次3～6毫克；可拉明每次0.373克。

③ 静脉点滴。用回苏灵每次16～24毫克。

五、沼气池火灾预防

沼气是一种可燃气体，一遇上明火就会猛烈燃烧。所以，绝对不能在已经产气的沼气池旁边使用油灯、蜡烛、火柴和打火机等明火，也不能吸烟。若需要照明，只能用防爆电灯、手电筒等。

有时候，人下池后没有什么异常感觉，但不等于池内没有沼气。如果这些残存的沼气比例占到池内空气的 26%~79%，一遇到明火就会爆炸。

（1）在使用沼气灶或沼气灯之前，要先用火柴点燃引火物等在一旁，然后打开沼气开关，稍等片刻点燃沼气灶或灯。如果先打开沼气开关，再点燃火柴等引火物，等候时间一长，灶具、灯具周围沼气增多，就会有烧伤人的危险，甚至有引起火灾的可能。

（2）沼气灶或灯不要放在柴草、油料、棉花、蚊帐等易燃品旁边，也不要靠近草房的屋顶，以免发生火灾。

（3）每次使用沼气前后，都要检查开关是否已经关闭。如果使用前发现开关没有关就不能点火。因为这时候屋里可能已散发了不少沼气，一遇上明火，就可能发生爆炸或火灾。此时，应赶快关闭开关，打开门窗，通风后再使用。

（4）要教育孩子不要在沼气池和沼气配套设备（灯、灶、开关、管道等）附近玩火。因为这些地方也会有漏气现象。

（5）要经常检查开关、管道、接头等处有没有漏气。可用肥皂水检查；也可用碱式醋酸铅试纸检查。方法是：用清水把试纸浸湿，放在要检查的部位，如果漏气，试纸和沼气中的硫化氢发生化学反应，使试纸变成黑色。如果在关闭开关的情况下，闻有臭鸡蛋气味（硫化氢气味），则可以肯定，沼气设备有漏气的地方，而且漏气还比较严重，要赶快检查处理。

（6）禁止在沼气池导气管和出料口点火试气。

（7）严禁向池内丢明火烧余气，防止失火、烧伤或引起爆炸。

（8）揭开活动盖时，只能用手电或镜子反射光照明，严禁在池口附近使用明火照明或吸烟。

（9）如在室内闻到臭鸡蛋气味时，应迅速打开门窗或风扇，将沼气排出室外，不能马上使用明火，以防引起火灾，必须在臭味完全消失后才能使用明火。

（10）一旦发生烧伤事故，要根据受伤者的烧伤程度来处理，严重的要立即送医院抢救。火灾事故发生时，头脑要冷静，首先要关掉气源，同时组织救火。

沼气火灾的应急处理。发生沼气火灾时，被沼气烧伤的人员应迅速脱掉着火的衣服，或卧地慢慢打滚，或跳入水中，或由他人采取各种办法进行灭火。切不可用手扑打，更不能慌忙奔跑，助长火势。如在池内着火，要从上往下泼水灭火，并尽快将人员救出池外。灭火后，先剪开被烧烂的衣服，用清水冲洗身上污物，注意保护创面，并用清洁衣服或被单裹住创面或全身，寒冷季节应注意保暖，然后送医院急救。

发生沼气中毒、烧伤和火灾事故，都是由于人们不了解沼气的性质和麻痹大意造成的。在我国几百万个沼气池中，虽然发生事故的用户只是极少数，但绝不能掉以轻心。只要人们掌握了安全使用沼气的知识，并且认真对待它，防止沼气事故的发生是完全可能的。

六、沼气烧伤处理

沼气烧伤的特点是烧伤面积大，皮肤创伤深，一般为Ⅱ～Ⅲ度，伤面常被秽物污染，处理时要小心清理干净。

（一）灭火

如果受伤人员身上着火，赶紧就地打滚灭火，或跳入附近水沟、水塘内，及时脱下着火的衣服，用湿被、湿毯子扑盖灭火，不要用手扑打火，更不能东奔西跑，惊慌失措，否则火借风势，助长燃烧。

（二）保护创面

灭火后剪开衣物，用常温清水（净河水或自来水）冲掉伤面上污物，然后用干净衣服、被单等包裹保暖，抓紧时间，送医院救治，不要直接擦拭创伤面。

（三）保持呼吸畅通

注意查看呼吸道是否烧伤，观察呼吸情况，如果出现呼吸困难或窒息，应进行气管切开手术（由医院进行）。

（四）注意并发症处理

对沼气烧伤患者，还要依照轻重缓急原则，进行救治，如果出现骨折、窒息等并发症，可以先对骨折进行简单固定处理。

（五）病人转送

重烧伤病人转送，宜在伤员休克期渡过后进行，不要再烧伤后72小时内转送，此期要充分补充生理盐水和葡萄糖盐水。如果送往医院，需在烧伤后2～3小时及时送到，不得延误。

病人在转移时，最好先进行消毒包扎，减少感染几率，运输工具要宽敞，病人平卧，轻抬轻放，设法减少搬运时给病人带来的痛苦；转运途中最好带上静脉点滴，但不能使用冬敏灵，随时观察病情变化。

思 考 题

1. 沼气池正常启动的基本原则是什么？
2. 沼气池启动的程序是什么？
3. 冬季启动沼气池要注意什么？

4. 诊断病态沼气池故障的方法是什么？

5. 沼气池常见故障及排除方法有哪些？

6. 发酵原料常见故障及排除方法有哪些？

7. 沼气窒息中毒原因是什么？沼气窒息中毒如何预防？

8. 沼气中毒表现有哪些？如何抢救？

9. 如火热预防沼气池火灾？

10. 沼气烧伤如何处理？

第十一章 沼气工程的验收

【知识目标】

学习掌握沼气工程验收的原则、程序和内容。

【技能目标】

将所学沼气工程验收的原则、程序和内容用于工程实践。

一、验收原则

大、中型沼气工程主要是指厌氧发酵装置、附属装置、储气柜、阀门、仪表及管路等。如该工程所产沼气用于集中供气，则还包括沼气管道工程、储配站及入户管等。由于该项工程许多部分为隐蔽工程，因此在全部施工过程中，应对各单项工程的质量进行检查和验收。本节所述内容是对整体工程竣工后的验收。

（1）大、中型沼气工程的施工验收应由施工单位提出申请报告，由建设单位邀请设计单位和其他单位的同行、专家、施工单位的上级主管部门技术领导，使用单位技术负责人，以及施工合同书中明确的公证处代表等组成验收组。验收组组长应由具有技术水平及丰富实践经验的技术人员担任，验收组下设技术资料审查组和测试组。

（2）工程验收时，施工单位应交付如下技术文件及资料：

① 由设计单位提供的全部设计图纸或工程施工图，同时提出设计变更图纸及文字资料；

② 由设计、建设、施工三方有关技术人员参加的设计图纸会审记录；

③ 各单项工程，特别是隐蔽工程的试验、检查、验收记录；

④ 各类建筑材料、产品的出厂证明书和合第四章大中型沼气工程格证书以及材料试验报告单，产品、设备、仪器、仪表的技术说明书和合格证书；

⑤ 钢材、水泥、砖等重要建筑材料的现场抽查检验试验报告；

⑥ 沼气钢管的材质及焊接试验及检查记录；

⑦ 施工单位的施工组织设计书；

⑧ 重大施工方案的重要会议记录或组织手续书。

（3）施工验收时应遵守国家的有关标准、规范，根据所制定的验收大纲，明确验收内容及验收要求。

二、验收程序

（1）审查设计图纸及有关施工安装的技术要求和质量标准。

（2）审查管道、阀门、设备、建材的出厂质量合格证书，非标设备加工质量鉴定文件，施工安装自检记录文件。

（3）工程分项外观检查。

（4）工程分项检验与试验。

（5）工程综合试运转。

（6）返工复检。

（7）工程竣工验收合格证书签署。

三、验收内容

（一）储气柜的验收

1. 湿式储气柜

（1）根据地基与基础工程施工及验收规范（GBJ 202-83），对气柜水槽进行注水试验，检查水槽是否漏水，并对基础进行沉陷观察。

（2）根据金属焊接结构湿式气柜施工及验收规范（HGJ 212—83），对气柜钟罩壁板及顶盖焊缝采用肥皂水涂刷方法进行气密性检查，以元气泡为合格标准。

（3）以小于 1.5 米/分钟的升降速度，对气柜进行快速升降试验，沿四周观察导轮与导轨的接触情况，并审查其有关记录。

（4）如气柜所有焊缝及密封接口均无泄漏；在升降过程中元卡轨、脱轨现象；气柜各部位无严重变形；安全限位装置动作准确，则认为试验验收合格。

2. 柔膜干式柜

（1）活塞调平装置是否倾斜，气柜充气后上升能否自如。

（2）柔膜储气容积气密性试验合格。

（3）储气压力能否达到设计压力。

3. 高压气柜

提供压力容器检测部门通过的合格证书。

（二）燃气管道验收

（1）提供各段管路强度试验合格记录。

（2）提供各段管路气密性试验合格记录。

（3）在用气高峰时，管网末端灶前压力能否满足灶具额定压力。

（三）用户燃具使用状况

（1）燃具自动点火是否自如。

（2）燃气燃烧是否稳定，有无脱火或黄焰。

（3）燃气表运行是否正常。

（四）沼气的质量

（1）沼气中甲烷、氢气及氧气的含量，热值是否达到设计要求。

（2）沼气在脱硫器前、后的硫化氢浓度是否合格。

思 考 题

1. 沼气工程验收的原则是什么？
2. 沼气工程验收的程序是什么？
3. 沼气工程验收的内容是什么？

参 考 文 献

[1] 鲁植雄. 农村户用沼气安全使用与维护一点通. 北京：中国农业出版社，2010

[2] 肖涛. 农村沼气工培训教程. 北京：中国农业科学技术出版社，2004

[3] 周孟津，张榕林，蔺金印，等. 沼气实用技术（第二版）. 北京：化学工业出版社，2004

[4] 邱凌，等. 沼气生产工（上、下册）. 北京：中国农业出版社，2004